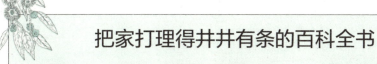

把家打理得井井有条的百科全书

生活整理 图鉴

澳大利亚威尔登·欧文出版有限公司 ◎ 著
童洁萍 ◎ 译

江苏凤凰科学技术出版社
·南京·

Copyright © 2019 Weldon Owen pty ltd
本书中文简体版专有出版权由本书Weldon Owen Limited 经由中华版权代理中心授予凤凰含章文化传媒（天津）有限公司。
未经许可，不得以任何方式复制或抄袭本书的任何部分。

湖北省版权局著作权合同登记 图字：17-2013-077 号

图书在版编目（CIP）数据

生活整理图鉴 / 澳大利亚威尔登·欧文出版有限公司著；童洁萍译. — 南京：江苏凤凰科学技术出版社，2019.12（2021.7 重印）
　ISBN 978-7-5537-5844-2

　Ⅰ. ①生… Ⅱ. ①澳… ②童… Ⅲ. 家庭生活—知识—图集 Ⅳ. ①TS976.3-64

中国版本图书馆CIP数据核字（2016）第000473号

生活整理图鉴

著　　者	澳大利亚威尔登·欧文出版有限公司
译　　者	童洁萍
责任编辑	祝　萍
责任监制	方　晨
出版发行	江苏凤凰科学技术出版社
出版社地址	南京市湖南路1号A楼，邮编：210009
出版社网址	http://www.pspress.cn
印　　刷	天津丰富彩艺印刷有限公司
开　　本	880 mm × 1230 mm　1/32
印　　张	11.5
字　　数	360 000
版　　次	2019年12月第1版
印　　次	2021年7月第3次印刷
标准书号	ISBN 978-7-5537-5844-2
定　　价	39.80元

图书如有印装质量问题，可随时向我社印务部调换。

目录

 节能节水/1

 个人物品/207

 回收利用/31

 家装饰品/219

 房屋清洁/55

 户外/259

 家具及灯具/91

 宠物/307

 厨房/113

 居家安全/329

 家用衣柜的整理/157

 换算表/359

 洗涤和熨烫/179

节能节水

节能节水有很多方法，大部分方法属于普通常识。节能节水不但能保护环境，也能节约开支。

家用电器

家电节能 很多国家根据能耗将家用电器分级，这样一来很容易就能识别节能产品。可参看国际能源之星☆标识。

高效节能使用家电

小家电 用电热水壶而不是炖锅烧开水，用烤箱而不是烤架烧烤。

电炉灶 在大灶上使用大锅，烹煮更高效；蒸煮时用多少水加多少水。

所有电器 在不使用电器时，关闭电源（冰箱除外）。电视机、电脑、DVD播放器及微波炉在待机模式下也会耗电。

☆能源之星，是一项旨在节约能源、保护环境的针对能源消耗产品的方案，带有此标识的产品通常具有极佳的节能效果。

厨房节能

烤箱 一次在烤箱中多放几样食物。通过烤箱灯可判断蛋糕的烤熟程度。当你认为可用竹签确定烤熟程度时,再打开烤箱。

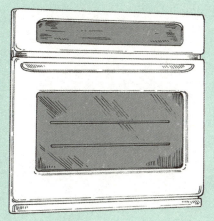

小冰柜 如果你一个人生活在小公寓中,可以使用小冰柜,没必要使用家用的大号冰箱或冰柜。

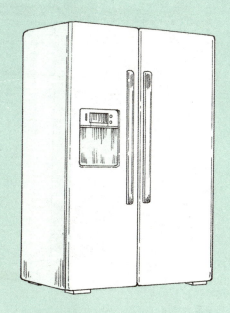

冰箱
放在远离灶台及烤箱的位置。
冰箱后的散热孔要做好防尘。
检查冰箱门内的密封条,影响冰箱正常使用时尽快对其进行修理。
想好需要什么后再打开冰箱取,不要开着冰箱门挑选物品。
长假外出时,关闭冰箱电源开关,同时打开冰箱门,以免内里发霉。

太阳能热水器

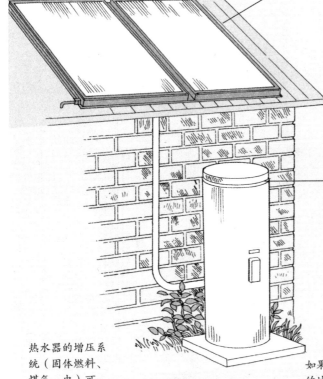

在北半球朝南的屋顶上安装太阳能电池板,在南半球朝北的屋顶上安装太阳能电池板——这样每天至少可以保证8小时的光照

尽可能将热水箱安装在太阳能电池板附近

热水器的增压系统(固体燃料、煤气、电)可作为备用供暖设备

如果生活在气候温暖的地区,可将现有的热水器换成太阳能热水器

节能节水

电热水器

即热式热水器
该类型热水器只在要用热水时才加热，这能省去用于保持水箱恒定水温的额外开支。

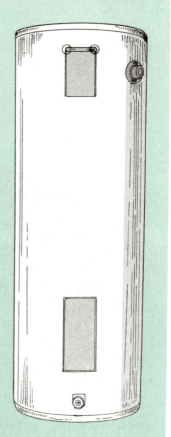

贮水式电热水器
电热水器最好采用定时加热和关机的功能，比较省电。

简单贴士

◎ 对热水器做隔热处理后，尽可能放在靠近浴室的地方——水流动的路径越短，开支就越少。

◎ 用太阳能或是热泵热水器取代电热水器会更节能。

◎ 外出度假前，关闭热水器电源开关。

◎ 热水器的水温控制在50℃以内。

◎ 可考虑安装从大气中抽取热量的热泵系统。初始安装费用较高，但之后的使用费便宜很多。

太阳能

利用太阳能 尽管太阳能设备安装昂贵,但太阳能是一种无偿、清洁、无温室气体排放的可再生资源,让你坐在家中便可自给自足。

太阳能的早期尝试 19世纪初期,美国加利福尼亚州的1000多户家庭安装了太阳能电池板。

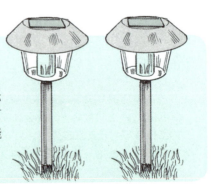

其他应用

太阳能庭院灯 特点是顶部有一块光伏电池板、一盏LED(发光二极管)灯以及一块充电电池。该类型灯的灯光能照亮花园小径。

节能节水

家用太阳能系统

低成本 太阳能电池板中的光电池把太阳能转化成电能。根据气候情况以及安装的系统性能,可将反向功率传送到主电网上。初始安装费能通过降低的能源成本在几年内能得到补偿。

水在流量小的管道内加热后存储在水箱中。

需要备用能源——最理想的备用能源是天燃气。

太阳能电池板的数量取决于家中的光照。

隔热

降低加热和制冷成本 隔热屋顶和墙体能减少屋内外的热量交换,这将为你节约大量的加热及制冷开支。

隔热类型

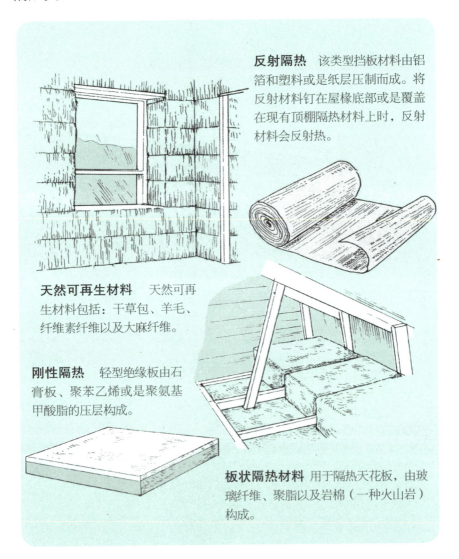

反射隔热 该类型挡板材料由铝箔和塑料或是纸层压制而成。将反射材料钉在屋椽底部或是覆盖在现有顶棚隔热材料上时,反射材料会反射热。

天然可再生材料 天然可再生材料包括:干草包、羊毛、纤维素纤维以及大麻纤维。

刚性隔热 轻型绝缘板由石膏板、聚苯乙烯或是聚氨基甲酸脂的压层构成。

板状隔热材料 用于隔热天花板,由玻璃纤维、聚脂以及岩棉(一种火山岩)构成。

其他隔热方法

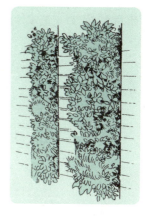

窗户 如果天气寒冷，安装双层玻璃；悬挂内置御寒衬里的窗帘，衬里在天气温暖时可取下；所有窗户都要密闭防风。

入户门 在所有入户门处安装挡风雨条，使用泡沫胶带、硬模或是防渗物防风。

植生墙 如果在较热的气候条件下生活，可以考虑在太阳暴晒的墙体上安置植生墙。

屋顶通风口 通过安装若干个屋顶通风口来保持隔热材料主体干燥——通风口能防止水汽在吊顶中聚集。

保温材质 在寒冷的天气里，用加热慢、冷却慢的建筑材料，如石头或砖建造房屋。

节约用水

节水妙招 以下节水妙招不仅能帮你减少水费开支,也能帮你降低占电费1/4以上的烧水开支。

家用水龙头节水

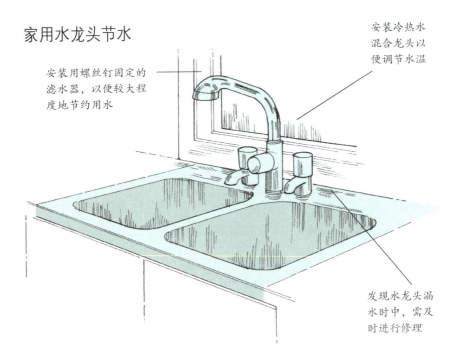

安装用螺丝钉固定的滤水器,以便较大程度地节约用水

安装冷热水混合龙头以便调节水温

发现水龙头漏水时中,需及时进行修理

检查是否漏水

1. 关闭所有自来水管线上的水龙头开关。

2. 记录水表读数。

3. 若干小时后检查水表。如果水表读数走高,则说明水龙头漏水。

花园节水

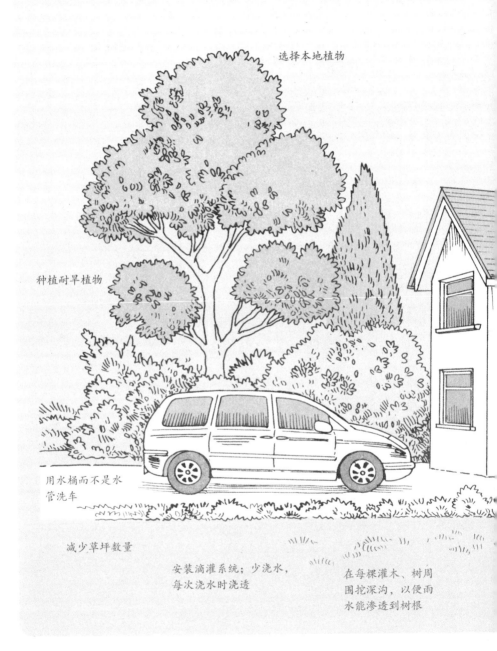

节能节水

收集雨水

雨水槽 你既可以选择各种类型及规格的传统镀锌铁水槽,也可以选择塑料水槽。购买前先与相关机构或专业人士确认尺寸及材质的耐用性、安全性。

水槽类型

水墙 在有限的空间,可使用大型薄水槽作为围栏或是隔板。

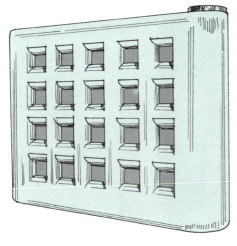

薄型聚乙烯水槽 适用于房屋背光面的狭窄通道,需安置在落水管周围。

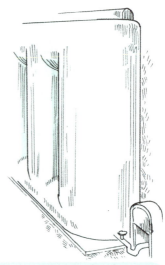

初次冲洗 初期,雨水处理系统将首次流入的5升~10升污水转移到花园里。

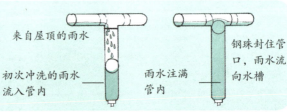

镀锌波纹状铁槽 适用于农场及大型花圃。独立供水站上的传统水槽通过重力或风力水泵供水。

> **简单贴士**
>
> ◎ 安装的水槽类型及大小应符合使用需求，例如：雨水只用于花园还是用于整个房屋，可用的空间大小是多少等。
> ◎ 屋顶面积乘以当地的年降水量可计算出每年可收集到的雨水量，例如，屋顶面积100平方，年降雨量500毫米，则每年可以收集到50000升雨水。
> ◎ 所有入口、出口需安装网筛以防止虫害进入。
> ◎ 电泵虽然不是必要的，但是能在需要的时候增加水压。

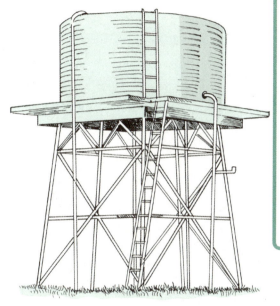

贮气袋 它的优势在于可藏在铺板下，使人完全看不见——是庭院花园的理想搭档。

屋顶材料 从屋顶收集雨水意味着屋顶必须使用不会污染雨水的无毒材料，例如，用瓷砖，而不是漆过铅涂料的铁屋顶。

灰水再利用

什么是灰水 灰水指洗澡、洗衣机、洗碗机以及水槽的废水，经回收过滤后既可用于花园，也可以用于洗衣或是冲厕所。

回收灰水

手动 用水桶收集洗澡废水，在用于花园前，须让它们通过掩埋式灌溉系统的水槽进行过滤。

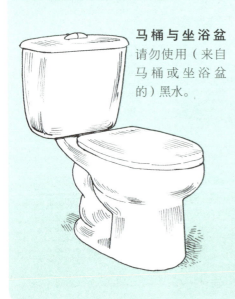

马桶与坐浴盆 请勿使用（来自马桶或坐浴盆的）黑水。

洗衣机 可利用的洗衣机废水是使用可降解洗涤剂，且为洗衣机最后一次漂洗的清水。请勿使用洗尿布后的废水。

节能节水

将灰水用于花园

警告 请勿使用来自厨房水槽的灰水,该灰水可能含有油脂或是食物残渣;请勿将灰水喷洒在蔬菜及药草上;请勿储藏灰水,因为滋长的细菌及微生物会危害身体健康。

简单贴士

◎ 雇用专业的管道工安装废水分配器,从而将废水导入灌溉系统。

◎ 由专业人员根据生产商的使用说明,定期清洗系统。

◎ 检查土壤中的含钠量,如有必要对其进行调整。

灰水天然过滤

芦苇河床　一般说来,芦苇河床是含有生长在砂砾堆中的芦苇及水生薄荷的污水处理池。芦苇释放氧气,也能帮助净水。

侧视图

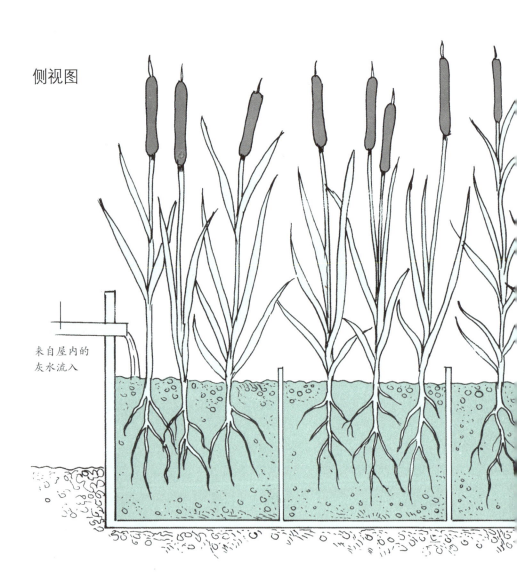

来自屋内的灰水流入

俯视图

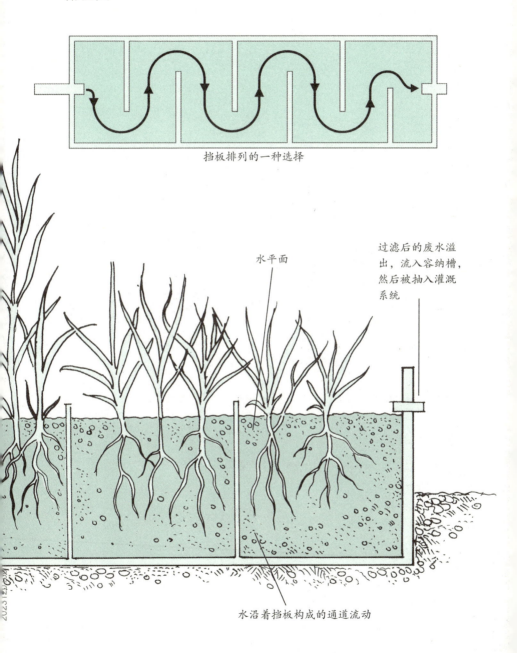

挡板排列的一种选择

水平面

过滤后的废水溢出，流入容纳槽，然后被抽入灌溉系统

水沿着挡板构成的通道流动

家庭日常清洗

降低电费开支　洗衣服、洗碗时可以采取一些简单的策略，在节能的同时，最大程度地减少热水的使用量。

衣物

晒干衣物　任何时候都尽可能在室外晒干衣物。仅在户外空气潮湿时使用烘干机。

洗衣机　滚筒式洗衣机的能耗仅为普通洗衣机的一半，用水量也仅是后者的40%。装满后启动洗衣机，使用冷水模式清洗。若衣物含有大量污渍，先用肥皂清洗，再放入洗衣机中。

节能节水

厨房节能

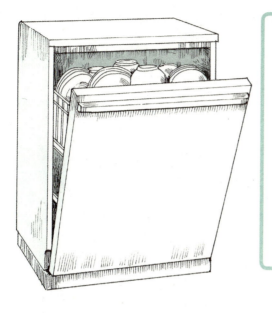

简单贴士

◎ 装满后再启动洗碗机，或者选择半载模式。
◎ 使用节水模式，该模式将节省时间并减少热水消耗量。
◎ 如果洗碗机上有加热-风干选项，关闭该选项。打开洗碗机门让碗碟自然风干。
◎ 定期清洗过滤网。

正确使用洗碗机

1.将食物残渣刮入堆肥垃圾箱，冲洗污渍严重的盘子。

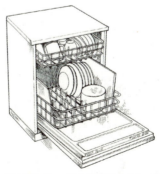

2.从后往前、从侧面到中间，将小的碗碟放在置物架顶部，将盘、锅及含有大量污渍的物品放在架子底部。

家庭照明及采光

明智选择采光方式 尽可能利用家中窗户、天窗等自然光,减少使用人造光源。你也可选择节能灯来减少开支。

家庭照明灯具类型

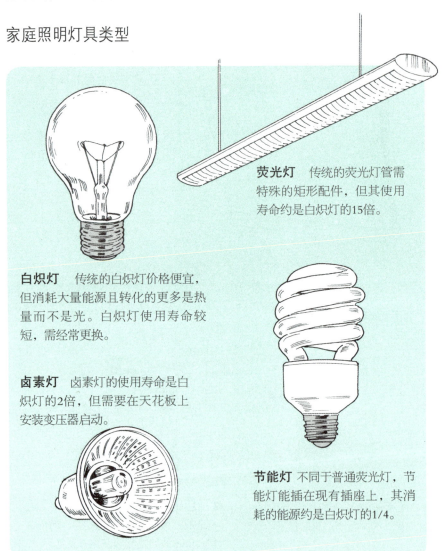

荧光灯 传统的荧光灯管需特殊的矩形配件,但其使用寿命约是白炽灯的15倍。

白炽灯 传统的白炽灯价格便宜,但消耗大量能源且转化的更多是热量而不是光。白炽灯使用寿命较短,需经常更换。

卤素灯 卤素灯的使用寿命是白炽灯的2倍,但需要在天花板上安装变压器启动。

节能灯 不同于普通荧光灯,节能灯能插在现有插座上,其消耗的能源约是白炽灯的1/4。

天窗类型

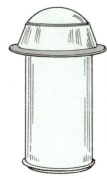

天空管 小型管道天窗能通过扩散器反射自然光,对幽暗的门廊来说是个实用的选择。

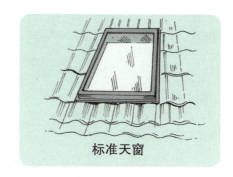

标准天窗

装饰性天窗

天窗窗口

光照与通风 安装天窗,打开后的光照与通风效果优于普通窗户。

制冷与供暖

利用自然 房屋空间的制冷与供暖开支将占据你的家庭年度能源账单的绝大部分,因此有必要考虑采取一些自然的、低花费的策略。

方位 北半球新房屋的生活区域应坐北朝南;南半球新房屋的生活区域应坐南朝北。

在炎热的环境中,可将房屋外层涂成灰白色以反射热辐射

晚上可打开大窗户来对流通风、散热

遮阳篷能遮挡炎炎夏日午后的阳光

挂有落叶藤蔓的藤架能为夏日的露台或阳台遮阴

节能节水

明亮的别墅 古罗马人建造的房屋，冬天能晒到阳光；他们甚至还安装了云母窗格或是玻璃窗格。

落叶类树木能在夏日遮阴，在冬日吸收阳光

灌木及树比水泥吸热少

房屋供暖

合适的系统 维持冬天的室内温度需要一大笔开支。如果你要装修一套新房屋，你可以考虑安装地热、地源热泵或是加热窗。

保温策略

晴天 打开门、窗，让阳光自然加热室内。

穿暖 多穿一件套头毛衣，而不是打开电暖器。

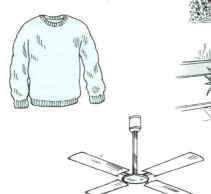

吊扇 冬季使用有逆向功能的吊扇，让上升的热量下降。

降低温度 将温度下调一两度将能显著降低电费。

中央供暖系统

管道供热 中央供暖系统包括管道、电热膜及循环加热等几种不同类型。安装分区系统，当房间内无人时可关闭该房间的供暖。

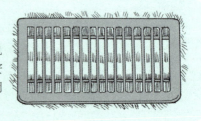

环流供暖

逆循环空调设备 如生活在温暖的气候中（冬季温度不低于5℃），逆循环空调设备是最佳选择。

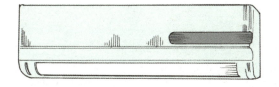

柴火 这种传统的明火取暖能效低且污染环境，其大部分热量会通过烟囱散失。

缓燃柴火 这种柴火经济节约，尤其装有风扇时能效比明火高60%。

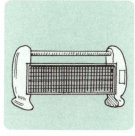

棒形加热器 便于携带、购买价格便宜，但能效低且花费高。

暖风机 和棒形加热器一样，能效低、花费高，但能很快加热小房间。

充油式电暖器 这种电暖器的脚轮使其可在房间中移动，但加热速度较慢。

烟道式气体加热器 购买、安装昂贵，但更清洁、经济。可以选择没有指示灯的类型。

无烟道式气体加热器 高能效、经济。该类型需要通风设备排烟。

制冷选择

与热的斗争 几千年来,人类设计出了杰出的制冷系统。近来,空调的过量使用、温室气体的排放导致了能源管制。

空调的简史

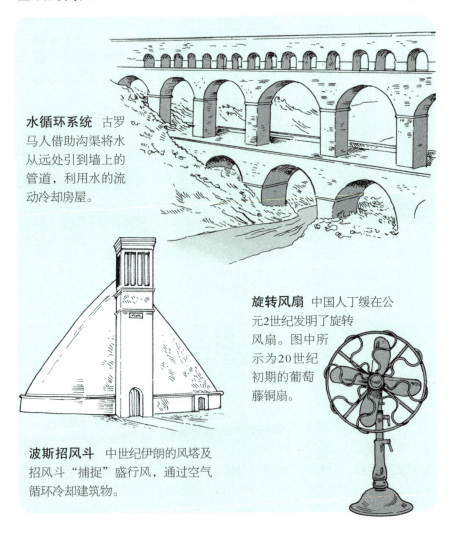

水循环系统 古罗马人借助沟渠将水从远处引到墙上的管道,利用水的流动冷却房屋。

旋转风扇 中国人丁缓在公元2世纪发明了旋转风扇。图中所示为20世纪初期的葡萄藤铜扇。

波斯招风斗 中世纪伊朗的风塔及招风斗"捕捉"盛行风,通过空气循环冷却建筑物。

电扇

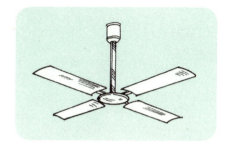

吊扇 可考虑关闭空调,使用电扇,电扇开支比空调开支便宜很多。

便携式电扇 便于携带、购买便宜,它通过吹动空气带走皮肤上的汗水来降温。

蒸发冷却器

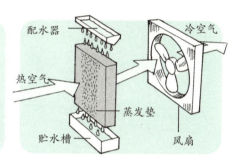

便携式冷却器 该类型冷却器能吸走室内热量和湿气,但噪音及耗水量较大。

如何工作 水湿过滤器将热空气吸收后,转换为冷空气后放出。

空调

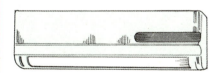

管道式空调 各房间安装独立控制系统,当房间内无人时可关闭该房间的空调。

分流系统空调 在室外安装管道连接冷凝器和压缩机,在室内安装蒸发器风机与小型壁挂式装置。

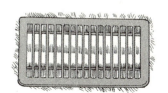

回收利用

将堆肥箱及蚯蚓农场回收的厨房垃圾作为花园肥料;从报纸到一条紧身裤,每天从发现这些日常用品的新用途中,学会如何"凑合"度日。

堆肥

花园的养料 将厨房垃圾与花园的剪枝、草坪修剪物、报纸、马粪牛粪一起堆层,待其腐烂后将营养丰富的堆肥作为肥料及覆盖物。

指南

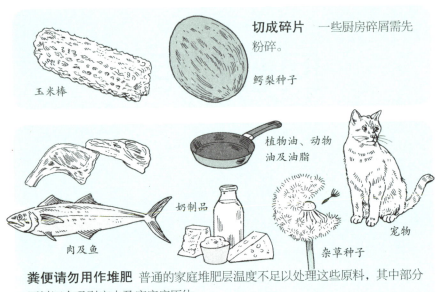

切成碎片 一些厨房碎屑需先粉碎。

玉米棒　鳄梨种子

植物油、动物油及油脂　宠物

肉及鱼　奶制品　杂草种子

粪便请勿用作堆肥 普通的家庭堆肥层温度不足以处理这些原料,其中部分原料还会吸引害虫及疾病病原体。

制作堆肥茶

1.将一铲堆肥放入有孔袋中。

2.沉入一桶水中后浸泡两周。

3.使用液态肥料浇灌植物根部。

堆肥箱类型

塑料箱 庭院花园的最佳选择，需安装开口以便于移动堆肥成品。

伯卡西桶 公寓用户的最佳选择，该桶利用锯屑及糠来处理厨房残渣。

堆肥滚筒 尽管本方法能最快速度地生产堆肥，但旋转装满的滚筒需一定的力量。

电线桶 使用铁丝网及少量坚固的树桩生产一些简单的堆肥。

三开间堆肥 这是一个更精细的封闭式系统，虫害无法进入，并使你能管理三个阶段的堆肥。

腐殖土工场 三块木托盘组成一个简单的花园垃圾托架。用绳子及电线绑住各个角落。

蚯蚓农场

紧凑的堆肥装置　如果生活在有阳台的公寓，你或许可以管理蚯蚓农场。蚯蚓农场一般由两三个含有老虎子子蠕虫及红子子蠕虫的塑料盒构成。

建立蚯蚓农场

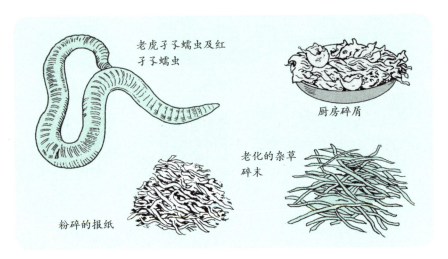

第二个托盘　将厨房碎屑掩埋在含水分的报纸条及老化的杂草碎末中，每周观察若干次，增加养料及适当加水。

第三个托盘　当蠕虫快吃完第二个托盘中的食物时，用更多的食物碎屑及草垫将其引至托盘三。当第二个托盘没有蠕虫时，将蠕虫粪放于花园中。

蠕虫不喜欢的食物

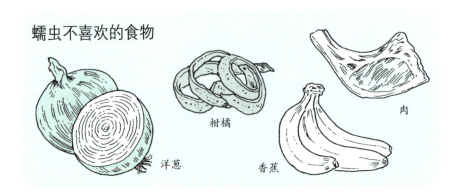

回收利用

蚯蚓农场怎样制作

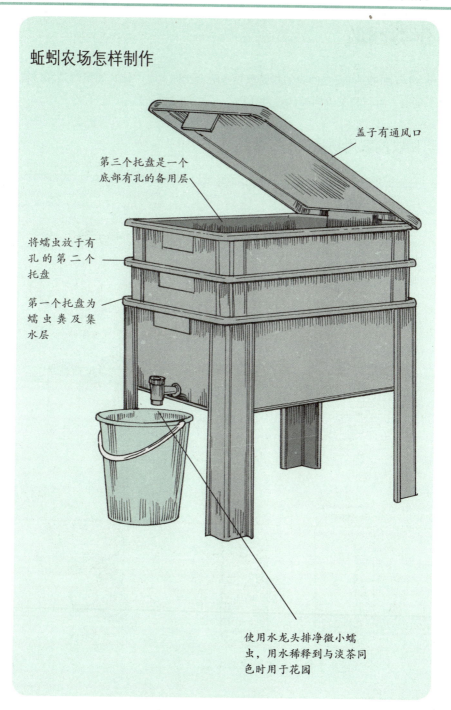

分类回收

节约与回收 可安全回收的物品数量一定会让你大吃一惊。如果对某种材料不确定，可与相关机构确认后再处理。

可回收的家用物品

玻璃瓶、罐

铁罐、铝罐

铁喷雾罐

报纸及其他纸质品

蛋品包装纸盒

卫生纸卷筒及其他纸板箱产品

牛奶盒及果汁盒

塑料(聚酯)容器

金属瓶盖

回收利用

可回收的办公用品

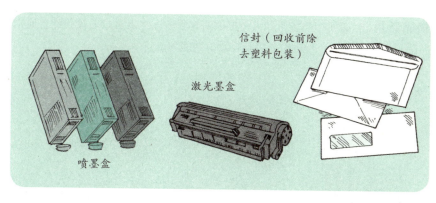

无法回收的物品

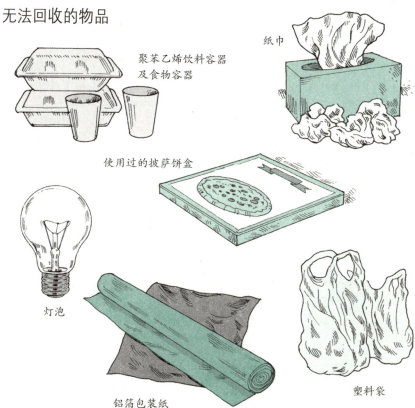

再利用容器

物品新用途 即使相关场所和人员提供回收服务，你也可以通过找到普通物品的新用途来为生产及运输那些新容器节约能源。

存放点子

工艺品 旧的果酱罐可用于存放纽扣及缎带。

旅行用针线包 旧香烟锡盒尺寸刚好用于存放旅行用针线包。

空包装 用谷类食品的空包装盒给孩子做"游戏盒"。

纸灯笼 剪下外卖纸盒的外包装，将蜡烛放在里面。

细绳分配器 将线球放在旧茶壶中。

鞋盒 用于存放照片、工艺品及账单。

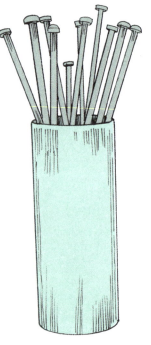

织针 存放在圆柱形的容器中。

新用途

花瓶及烛台 改变装饰性玻璃罐及玻璃瓶的用途。

花园用勺 剪下2升装瓶的底部及侧面。

塑料漏斗 剪下饮品的塑料瓶上部，将倒水的一端用作漏斗。

水瓶 剪去瓶底，将出水钉绑在每一个喷口处后，塞在植物的旁边。

生物可降解盆 将植物种子放入蛋品包装纸盒，幼苗长出后进行换盆。

迷你塑料盖 剪去软饮料塑料包装底部，取下瓶盖后用来覆盖幼苗。

制作罐头灯

1. 为了防止罐头塌扁，用水注满干净的空罐头瓶，冷藏后贴上贴纸图案。

2. 使用锤子、钉子制作图案。

3. 取下纸样后放入蜡烛。

报纸的10大用处

有用的资源 回收利用报纸可采用一些实用且有创意的方法，这些方法同时也可以减少家中对塑料制品及化学清洗剂的依赖。

居家周边

引火工具 卷紧大幅纸张的报纸，折成一半大小后拧紧，用一根绳打结。

擦亮窗户 冲洗窗户后，用报纸团擦亮玻璃。

宠物 将报纸铺在狗窝的地板上，或是将报纸铺在猫砂边缘。

清洁烤肉架 将报纸揉成团，擦去食物残渣。

厨房柜橱 将报纸铺在厨房柜橱的上部，报纸能吸油且无需清理。

小妙招

螺旋碗　将报纸条浸在胶水中自然风干。风干后浸湿,盘成碗状。

纸模　将报纸条重叠地粘在模型(如碗)上,风干后进行装饰。

花园中

堆肥材料　将报纸撕成条状放入堆肥层中。

花园覆盖物　在两层肥料中至少铺15层报纸,增加一层有机物及水覆盖层。

育苗盆　将报纸撕碎,放入盆内,在盆内种植幼苗。

有害垃圾

请勿污染环境 多向专业人士请教，找出处理重金属、电子元件及制冷剂等危险化学物品的安全方法。

化学药品

机器润滑油

油漆

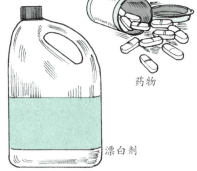
药物

漂白剂

电子产品

移动电话

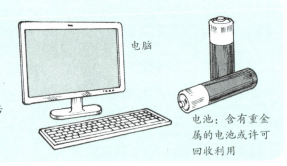
电脑

电池：含有重金属的电池或许可回收利用

陶瓷及其他类型玻璃

瓷器，陶瓷制品和陶器

耐烤窗户及镜面玻璃

白色家电及其他电器

缝纫基本工具

必需品 利用针线包及一些基础针线修补衣物边缘、缝纽扣、换拉链或是绣些简单的图案来延长衣服的使用寿命或修饰衣物。

基础针线包

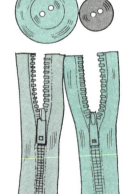

大头针 将大头针和一茶勺滑石粉一起存放在小容器中,以防生锈。

缝纫针 存放缝针、织针以及绣花针等不同类型的缝纫针盒。

剪刀 用磨刀石磨利剪刀。

针箍 缝补时佩戴针箍能保护手指。

扣件 包括拉链、纽扣、风纪扣。

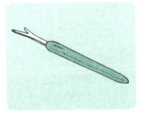

卷尺 选择既有公制也有英制的卷尺。

拆针脚用具 拆除针脚、剪开缝接处不可或缺的工具。

线 颜色包括黑、白、蓝、红、浅褐色,可用于缝补衣物。

实用针法

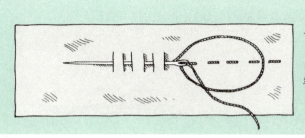

平针主要用于收针（将针穿进织物后穿出），平针应小于粗缝针（见下图）

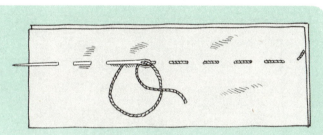

粗缝针主要用于缝衣物时暂时将两块布料缝在一起——每一针大概6毫米长

卷边用于收毛边——折叠下面的毛边，用斜针将其固定于织物上

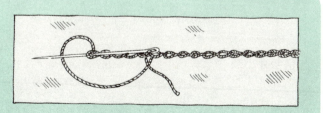

链式缝法用于刺绣，可将这类钩针用于小型钮圈的线包缝上

简单的缝补

小修小补 衣物破洞、撕裂或是掉了颗纽扣时,你会扔了它们吗?缝补需要多加练习,但它能延长衣服的使用时间,并且为你节约开支。

织补衣物

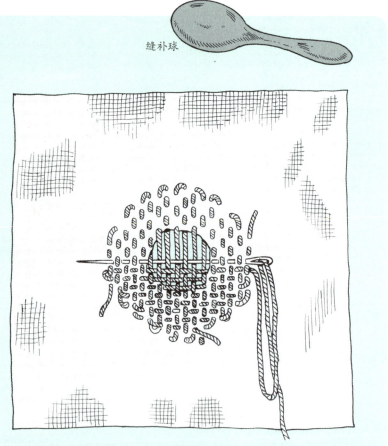

缝补球

如何织补小洞 将衣物上的洞对准缝补球,使用小型疏缝针,各个方向上都需缝补,洞口周围可留一定的空白。以直角竖直缝补时,将针从正面穿过后向下穿出。

回收利用

缝纽扣

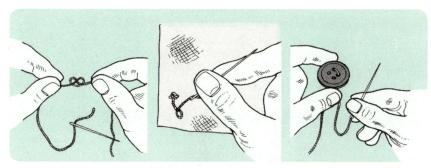

1. 线穿过针孔后打结。
2. 锚针。
3. 将针穿过纽扣。

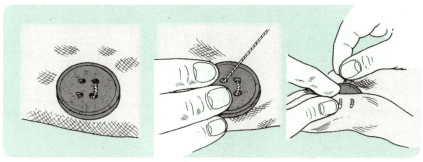

4. 先缝纽扣上的两个孔。
5. 重复缝上其他孔。
6. 完成后，将线从反面拉出。

7. 从所有的针脚处拉出线。

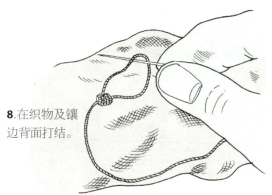

8. 在织物及镶边背面打结。

"凑合过日子"

"不浪费则不匮乏" 经济萧条及战时物资短缺导致前辈人发明了一些简单、聪明的方法来"凑合过日子"。利用以下妙招可减少垃圾的丢弃。

战争时期的节俭

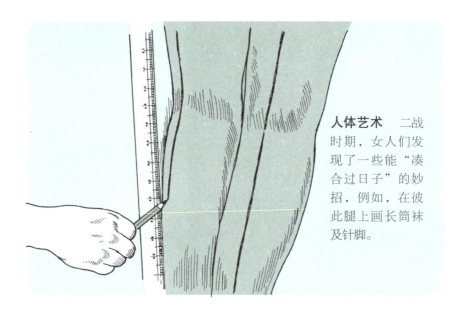

人体艺术 二战时期,女人们发现了一些能"凑合过日子"的妙招,例如,在彼此腿上画长筒袜及针脚。

回收利用室内装饰品

套垫 当窗帘变旧时,剪下最鲜亮的部分做成套垫。

毡布 清洗旧羊绒衣物直到起球,接着将其剪成若干正方形;将正方形布缝在一起,做成套垫或拼接地毯。

杂物

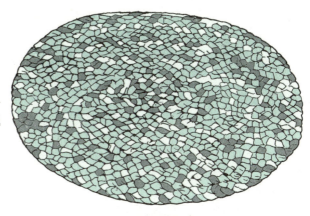

碎呢地毯 织物废料编在一起后盘成地毯形状。

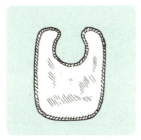

婴儿围兜 旧雨衣（橡胶雨衣）可做成婴儿围兜。

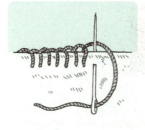

毯边锁缝针 用毯边锁缝针整理毯子磨损的边缘。

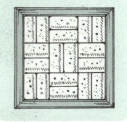

杯垫 将同样尺寸的红酒酒塞黏在一块木板上后装框。

肥皂碎片 加水后放入少量小苏打，煮时搅拌若干分钟。冷却后切成块状。

礼物标签 回收旧的生日卡片，将其做成地名或是礼物标签。旧圣诞卡片可做成圣诞树装饰物。

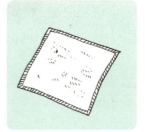

粉扑 将磨损的毛巾剪成粉扑大小，方形或圆形，镶边进行装饰。

回收利用旧衣服

回收的牛仔裤 如果非常喜欢自己的旧牛仔裤,不舍得丢掉,那就将裤腿剪下做成牛仔短裤或是缝成牛仔裙。

袜子玩偶 在旧袜子上缝纽扣做眼睛、羊毛做头发,做成布袋玩偶。

新装饰 用新纽扣或是装饰物让旧羊毛衫散发新光彩。

天然染料 用种子、水果、蔬菜,如咖啡和甜菜根重新上色已褪色的织物。

旧毛线翻新

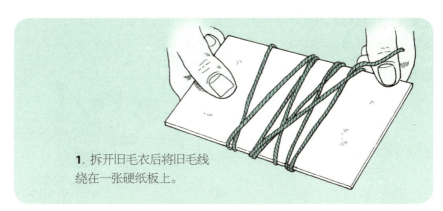

1. 拆开旧毛衣后将旧毛线绕在一张硬纸板上。

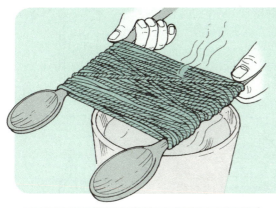

2. 在毛线及硬纸板中间插入两个木勺,取出硬纸板后,将毛线放在一碗冒蒸汽的水上方湿润。

3. 毛线干时绕成球状即可。

紧身衣的10种功能

更长的使用寿命 当紧身衣、连裤袜或是长筒袜被梯子或障碍物勾破,不要将它们丢弃,它们在房屋、花园中有大用途。

居家周边

肥皂洗涤器 将条状肥皂放在剪掉脚趾头的长筒袜中,用线固定后悬挂于洗衣房或是花园水龙头上。

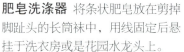

网球杆 将牢固的木桩敲入地下。在长筒袜腿部的脚趾处放入网球后把长筒袜的另一端固定在网球杆顶部。

家具抛光机 用揉成球的紧身衣打磨家具。

油漆滤网 油漆倒入丝袜中以便过滤油漆中的灰尘及碎屑。

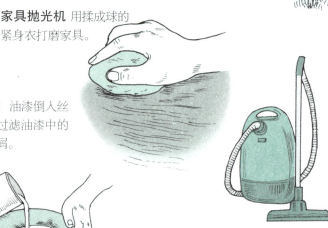

防吸隐形眼镜 尼龙袜拉伸后套住吸尘器喷嘴,用线固定。用这种方法去清理地板尘土。尼龙袜能防止隐形眼镜片被吸入集尘袋中。

花园中

幼苗滤网 清洗后过滤幼苗，拉长丝袜，覆盖在容器瓶颈处后用橡皮筋固定。

水灯芯 将一段旧丝袜绕在盆栽植物的根垛处，留一条"尾巴"。植物换盆后把"尾巴"放入水碗中。

球根贮藏 用紧身衣腿部存放洋葱、大蒜及花球茎。每个球根之间都需系好尼龙绳以防止其腐烂。

植物结 将丝袜腿部系于树上或是长得高的花或蔬菜，如番茄或大丽花的支架上。

柠檬树支架 将柠檬或是南瓜放入丝袜腿部防止腐烂。丝袜顶端打结后悬挂在牢固的支架上。

房屋清洁

可用绿色清洁工具而非化学清洗剂打扫每个房间。在拥有更安全、清洁的家的同时,你也能保护环境。

家用化学药品

如果一定要使用化学药品 每次剥除含铅涂料、给果树喷药或是使用化学清洗剂（不推荐使用）时，需戴上防护面具，并在通风良好的室内或是室外工作。

个人防护

挥发性有机化合物来源

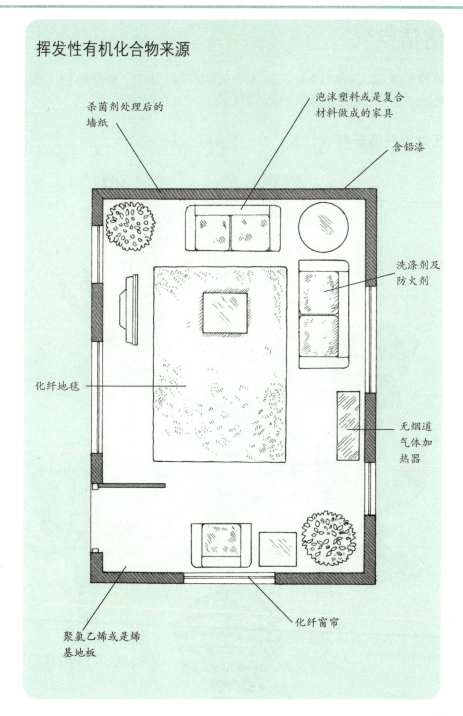

清洁空气

健康的家 你是否想过为什么这么多办公室租用室内植物？室内植物不但能把花园带到房间里，也能通过吸收空气中的有害化学物净化空气。

天然空气清新剂

芳香四溢 中世纪，熏衣草等芳香植物被用于遮掩地板上未洗衣物的异味。

加热精油 使用燃烧炉或是蒸发器加热精油。

遮掩厨房气味 用2杯水煮沸8朵丁香。

制作香丸 丁香粘在桔子上后放报纸中薰一星期。

百花香 在沙发垫子间放入装有花瓣的香囊。

室内植物

垂叶榕 叶片光亮、适合室内种植，无需特别打理。

龙血兰 定期用湿布擦洗，保持带状叶片的干净。

喜林芋 这种植物招人喜欢，叶片繁茂，室内种植时需充足阳光。

白鹤芋 开白色雕塑花，叶宽、碧绿而有光泽。

绿色清洁工具箱

简单、安全、有效 扔掉昂贵的专利清洁产品,用家用工具及食品柜中的一些普通材料组合成你的绿色清洁工具箱。

需要的工具

房屋清洁

清洁剂

- 洗涤碱
- 醋和柠檬
- 桉油
- 硼砂
- 小苏打
- 盐

有用的额外材料

100%可降解的纯肥皂片

甘油能溶解各种粉尘

鞋油能遮盖木头表面的磨损

小苏打

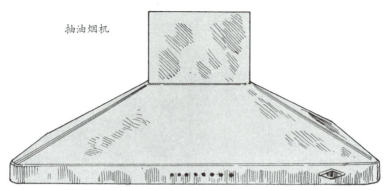

抽油烟机

高效清洁剂 小苏打可用于清洗多种物品。将小苏打和水混合后制成糊即可清洁物品。

铬合金与不锈钢

塑料玩具

茶渍、咖啡渍

吸收异味 在冰箱中放入一碗小苏打。

清洗银制品 将银质餐具放在铝箔纸上,浸入小苏打热溶液中。

烤箱 用小苏打糊清洗热烤箱,过夜后清洗掉小苏打糊。

洗涤碱的用途

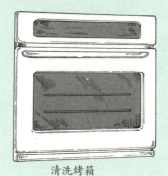
清洗烤箱

清洗堵塞的下水管

去除水壶中的水垢

清洗脏烤架

清洗脏银勺

让海绵焕然一新

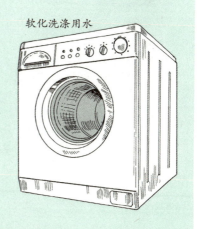
软化洗涤用水

盐的用途

天然擦洗剂 在少量水或柠檬汁中加入食用盐,用于擦洗厨房用具。

保养硬毛扫帚 浸在热盐水中20分钟后晾干,能延长它的使用时间。

硼砂

虫害 用硼砂毒杀蚂蚁、蟑螂。

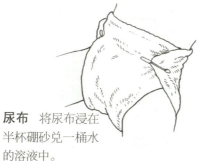

尿布 将尿布浸在半杯硼砂兑一桶水的溶液中。

霉菌 用硼砂及柠檬汁混合后的糊擦洗霉变的浴帘。

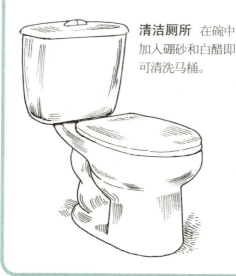

清洁厕所 在碗中加入硼砂和白醋即可清洗马桶。

漂白白色衣物 在热水中加入硼砂。

☆计量参考书后附表。

柠檬

温和漂白 柠檬汁能防霉、除臭、去污。

餐具污渍 在柠檬汁中加入少量盐,溶解后擦洗污渍。

抛光铜制平底锅 用浸过盐的半个柠檬擦洗平底锅。

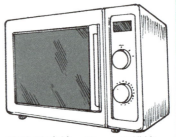

清洗微波炉 将一个柠檬榨出的汁放在碗中,高温加热5分钟。

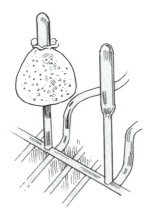

油腻的洗碗机架 将柠檬切成两半,去除柠檬籽后,从切口处穿入餐具架的长钉上。

垃圾桶除臭 用一勺柠檬汁兑两升水的溶液擦洗。

白醋

疏通排水管 在排水管倒入一杯醋和1/4杯小苏打,盖上塞子10分钟,接着拧开水龙头冲洗。

擦亮洗碗机 在洗碗机中放入一杯醋,选择短循环模式启动。

清洗脏花瓶 在花瓶中装满白醋进行清洗。对于顽固污渍,在装有白醋的花瓶中加入大米,盖好盖子后轻轻摇晃即可除污渍。

有异味的塑料容器 用沾有白醋的布稍加擦拭。

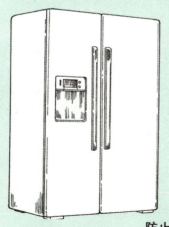

去除不干胶标签 用醋浸泡10分钟后剥离,重复此步骤直到去除不干胶标签。

防止霉变 用醋擦拭冰箱内部。

使用桉油

警告 怀孕及哺乳期妇女请勿涂抹桉油。

野外药物 澳大利亚土著人过去常使用桉树叶来治疗伤口。

室内香气 在脱脂棉球上滴几滴桉油,将脱脂棉放在吸尘器的集尘袋中。

去除不干胶标签 撕去标签,标签残留部分用浸有桉油的棉签擦洗。

消毒喷雾剂 用1升水稀释50毫升桉油,制成消毒喷雾剂。

房屋清洁

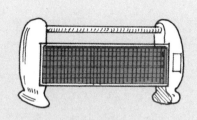

圆珠笔迹 将几滴桉油轻拍在干净的布上后清洗。

芳香剂 冬季在脱脂棉球上滴几滴桉油,用于擦拭加热器。

汗渍 用沾有桉油的清洁布从外部边缘到中心轻拍汗渍后,照常清洗。

除去杀虫剂异味 用少量桉油从上到下擦拭厨房柜橱。

日常清洁

家务管理 安排一些简单的日常工作并坚持完成这些工作,这能帮你更简单地处理家庭杂务。有小孩、养宠物的家庭,每周清扫房屋的次数至少要在一次以上。

日常工作

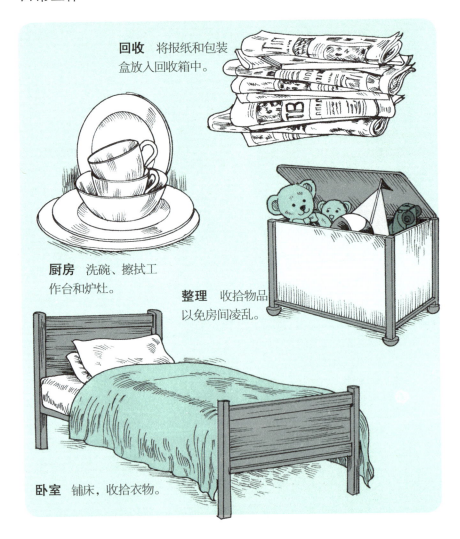

回收 将报纸和包装盒放入回收箱中。

厨房 洗碗、擦拭工作台和炉灶。

整理 收拾物品以免房间凌乱。

卧室 铺床,收拾衣物。

房屋清洁

每周任务

清洗 更换床单和毛巾，洗涤衣物。

打扫房间 拖地和吸尘。

厨房垃圾桶 倒掉垃圾桶中的垃圾后，清洗垃圾桶。

季节性任务

衣柜 整理衣物。

窗户 窗户内外都要擦拭。

冰箱 清洗干净。

尘螨

看不见 一张使用了几年的床垫含有的尘螨数量也许多达200万。尘螨能引起哮喘、过敏等一系列严重的健康问题。可用以下方法保护家人健康。

如何抑制螨虫

冷冻法 将毛绒玩具放在冷藏室24小时,杀死尘螨。

蒸汽清洗 定期用蒸汽清洁室内家具及地毯。

晒被子 天气晴朗、阳光灿烂时,尽可能多晒被子。

避免杂乱 将书及饰物放在封闭的门后防尘。

房屋清洁

卧室

保持卧室通风

保持橱柜、抽屉关闭

为枕头和羽绒被购买由微孔材料制成的阻隔罩

定期对床底下吸尘

每周为没有堆放物品的床垫吸尘一次

用湿布给家具除尘

可拉起地毯后抛光地板

73

硬地板

通行流量 地板或许是整个房间中最易被磨损的物品，如果可行的话，你应在选择地面材料前考虑好每个房间的功能，然后以适合其表面的处理方法进行清洁。

瓷砖地板

密封大理石砖、瓷砖及水磨石砖 吸尘后用2杯醋兑1桶热水的溶液拖洗。在未密封的大理石上请勿使用酸性试剂。

去除瓷砖表面锈迹 将吸水布放在柠檬汁与几滴清洁剂的混合溶液中浸泡，接着将布放在锈迹上，停留若干小时后清洗。

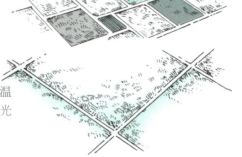

釉面石板及方砖 吸尘后用温和的清洁剂拖洗。用蜡油抛光无釉砖。

切割瓷砖供修理用

1. 在水平表面使用直尺。用瓷砖刀刻划瓷砖。

2. 将刻划线放在一小片木销子上，推压两边。

3. 切掉窄片，刻划瓷砖后用钳子夹断去碎片。

木地板

表面处理 木地板需要清漆（天然或合成）、蜡、油或是木材着色剂保护。用吸尘器吸去尘土和沙砾后，用拖把湿拖。

门口脱鞋 在室内穿室内拖鞋或是只穿短袜、长筒袜。

成品油木 清扫及吸尘后，用1:10的工业酒精兑温水溶液拖洗。

乙烯基地板和油毡地板

乙烯基 用1/4杯纯肥皂屑、1/2杯小苏打及2杯水的混合物清洗乙烯基地板。

油毡 吸尘后用湿拖把拖洗，用生亚麻油擦洗抛光。半小时后用清洁布擦干。

木地板的护理

养护 一场聚会就可能破坏木地板。其中大部分损坏可以简单地进行修理，但高跟鞋除外；如果你不想客人脱鞋的话，让她们穿上鞋套。

快速修理

油脂 使用沾有矿物松脂的细钢丝绒抛光木头纹理。

凹痕 使用钢丝绒修理一些小擦痕，擦蜡后抛光；或用熨斗蒸汽熨烫擦痕，但水气也会进一步损坏地板。

香烟表面烧痕 如果地板表面不够坚固，用沾湿的钢丝绒上蜡擦洗。购买补漆工具对硬表面进行再次修复。

擦痕、切痕 将清洁剂涂在钢丝绒上擦洗，再抛光。

水迹 将干熨斗放在盖在水迹上的清洁棉布上停留若干秒钟。查看水迹，直至其消失。

房屋清洁

保护地板和减少噪音

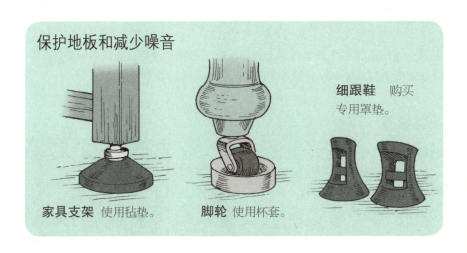

家具支架 使用毡垫。

脚轮 使用杯套。

细跟鞋 购买专用罩垫。

固定摇晃的地板

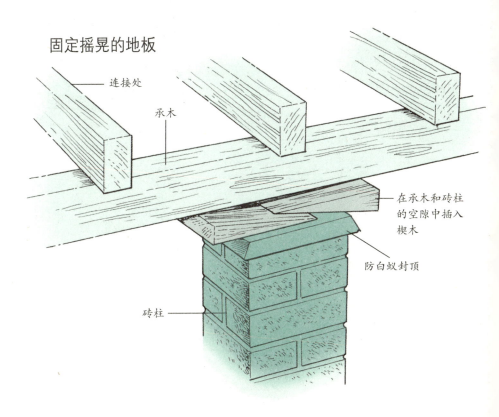

- 连接处
- 承木
- 在承木和砖柱的空隙中插入楔木
- 防白蚁封顶
- 砖柱

地毯

温暖、舒适 地毯尤其是质量上乘的地毯,若保养得当,能使用很多年。及时处理撒洒与其他事故,如不确定如何处理,须请教专业人员。

地毯保养

地毯拍打器 在19世纪真空吸尘器发明前,人们用地毯拍打器拍打悬挂在栏杆上或是晾衣绳上的地毯。

脚轮套 为避免地毯上留下永久凹陷,将脚轮套放在家具支架脚上。

昂贵的地毯 沿着绒面用真空吸尘器的低档位吸尘。

恢复绒面 将冰块放在凹陷处提拉绒毛。

蒸汽清洗 蒸汽清洗不能深度清洗地毯,但可以除去地毯上的甲虫、尘螨残留物及人体的皮肤碎屑。

去除污渍

红酒渍 用纸巾擦拭后,洒上白葡萄酒;再次擦拭。用沾有工业酒精的布擦去残留物。

口香糖 在口香糖上敷一小袋冰块,15分钟后揭下口香糖。用浸有干洗溶液的海绵擦拭后,再用稀释的清洁剂擦拭。

咖啡渍 用小苏打和温水的混合溶液擦洗。

蜡烛油 使用钝刀,尽可能刮擦蜡烛油,然后在吸墨纸上方热熨。

宠物屎尿 用纸巾清洁后撒上小苏打,自然晾干后用真空吸尘器吸尘。

墙

空白画布 如果去除不了粉刷过的墙上的痕迹或污渍，可以再次上漆。但如果墙壁上有墙纸的话，则需要更仔细的观察、审视它们的情况。

墙纸

局部清理 用小苏打粉末除去墙纸表面的灰尘后，用刷子刷去剩余小苏打。

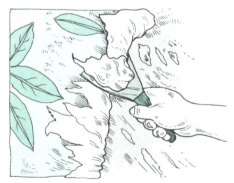

墙纸上的痕迹 用面包片擦去墙纸上的痕迹。

去除旧墙纸 滚涂1:1的白醋兑温水溶液后，擦试干净。

水槽和水盆

安全措施 总有一天你需要疏通下水道或在厨房里寻找丢失的物品。只要你有合适的工具,并在接触管道前关闭自来水开关,这项工作就会变得很容易。

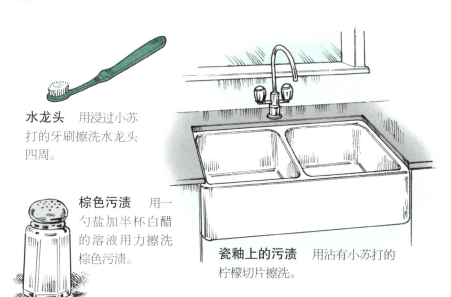

水龙头 用浸过小苏打的牙刷擦洗水龙头四周。

棕色污渍 用一勺盐加半杯白醋的溶液用力擦洗棕色污渍。

瓷釉上的污渍 用沾有小苏打的柠檬切片擦洗。

取回珠宝

1.关闭水龙头,将水桶放在存水弯下。

2.拧松存水弯上的螺帽。

房屋清洁

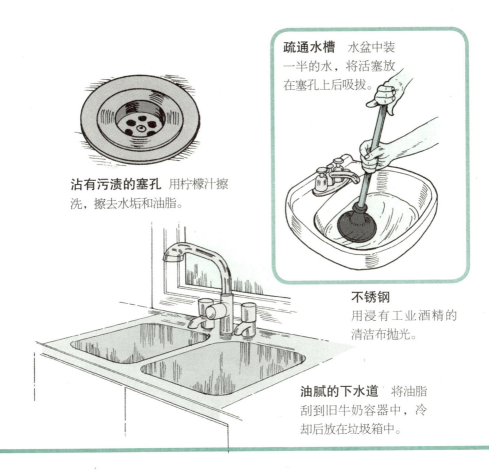

沾有污渍的塞孔 用柠檬汁擦洗，擦去水垢和油脂。

疏通水槽 水盆中装一半的水，将活塞放在塞孔上后吸拔。

不锈钢 用浸有工业酒精的清洁布抛光。

油腻的下水道 将油脂刮到旧牛奶容器中，冷却后放在垃圾箱中。

3.取下存水弯，取回珠宝。

4.重新接上存水弯。

淋浴和盆浴

费力的工作 污垢堆积后需用力擦拭才能清除，因此要每隔几天彻底擦洗淋浴和沐浴配件表面，以防止污垢堆积。

清洁

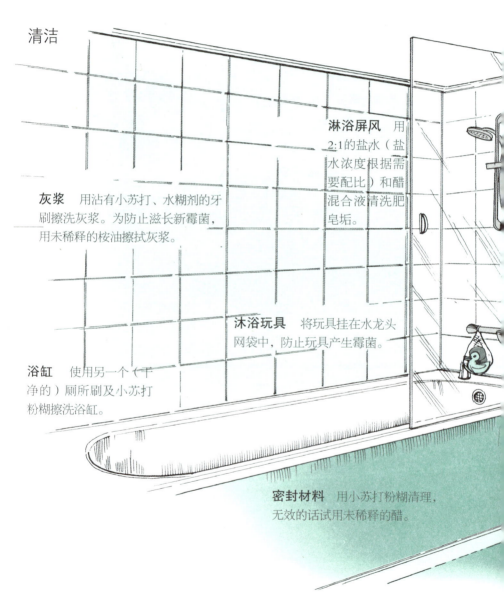

淋浴屏风 用2:1的盐水（盐水浓度根据需要配比）和醋混合液清洗肥皂垢。

灰浆 用沾有小苏打、水糊剂的牙刷擦洗灰浆。为防止滋长新霉菌，用未稀释的桉油擦拭灰浆。

沐浴玩具 将玩具挂在水龙头网袋中，防止玩具产生霉菌。

浴缸 使用另一个（干净的）厕所刷及小苏打粉糊擦洗浴缸。

密封材料 用小苏打粉糊清理，无效的话试用未稀释的醋。

温泉浴

管道中的肥皂垢、体脂肪、体油 使用专门的管道清洁产品。

淋浴器

堆积的水垢 取下淋浴头浸在白醋中,过夜后用牙刷擦洗后再次安装。

浴盆 可利用旧丝袜代替刷子,揉成团轻轻擦洗即可去除热水污垢且不会刮伤浴盆。若再加点消毒液,会清洗得更干净,同时可消毒抑菌。

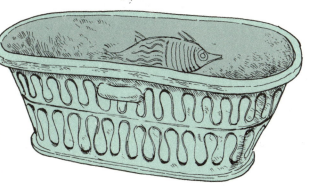

重新灌浆

1. 用灌浆耙或是螺丝刀在旧灌浆处检查,除去松垮的灌浆。

2. 混合灌浆粉,待其到牙膏的黏稠度后敷用。

3. 几小时后,用湿布擦去多余灌浆。

洗手间问题

最小的房间 如果能保持厕所一尘不染,并在厕所中增加一些如香烛和阅读物等简单、贴心的物品,厕所也能让人心情愉悦。

打扫厕所

小苏打

醋

厕所刷

天然去污剂 将1杯小苏打、1/4杯白醋混合后倒入抽水马桶中。过夜后冲洗厕所马桶。

除去厕所异味

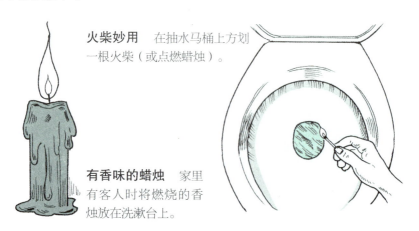

火柴妙用 在抽水马桶上方划一根火柴(或点燃蜡烛)。

有香味的蜡烛 家里有客人时将燃烧的香烛放在洗漱台上。

疏通厕所

1. 关闭厕所水源，尽可能取出抽水马桶里的水。

2. 使用活塞，尽可能保持密封。

3. 拆开铁丝衣架，弯曲后伸入堵塞处。

4. 取出衣架，放入下水道疏通器。

5. 交替旋转、拉伸下水道疏通器，疏通堵塞处。

6. 水开始排出后冲洗厕所。检查排水是否有问题。

家具及灯具

如果保养得当，家可以成为使你舒适、愉悦之地：抛光木质家具，保持室内装潢品和窗帘清洁、无尘，保持镜子和窗户光亮如新。

室内家具

家居舒适 布、皮革上的尘垢、油脂、污点不但不雅观，也会缩短室内家具的使用时间，尤其是表面套布的家具，价格便宜但比皮质家具更不耐用。

布艺家具

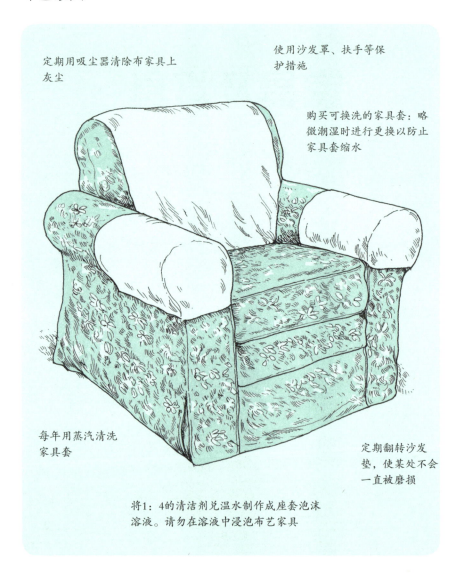

定期用吸尘器清除布家具上灰尘

使用沙发罩、扶手等保护措施

购买可换洗的家具套：略微潮湿时进行更换以防止家具套缩水

每年用蒸汽清洗家具套

定期翻转沙发垫，使某处不会一直被磨损

将1：4的清洁剂兑温水制作成座套泡沫溶液。请勿在溶液中浸泡布艺家具

皮革家具

皮革家具 皮革家具不像织物那样容易堆积大量尘螨，因此适宜过敏体质人群。皮革家具在防虫害的同时，也不易受小孩子耍闹的影响。

简单贴士

◎ 用湿布清洗小污渍、漏洒污渍。
◎ 用2勺白醋兑1桶水的溶液擦洗污渍，待其彻底干透。
◎ 用沾有1：2的醋兑亚麻油溶液抛光。

木质家具

有价值的投资 不管木质家具表面是否用蜡、油、清漆或是法国抛光漆处理过,都要用正确的方法清洁、保养木质家具,以免被损坏。

家具及灯具

简单贴士

◎ 用垫子、三脚架或是热感应板保护木桌。
◎ 请勿将木质家具放在阳光直射处，否则会引起木头干裂。
◎ 用温和的溶液去污、修复。

保养技巧

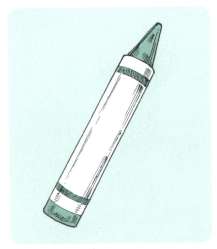

擦痕 用颜色相匹配的鞋油、蜡遮盖擦痕,当擦痕吸收鞋油或蜡后抛光。

手印 用浸过清洗剂溶液的湿布擦洗。

饮料容器留下的痕迹 沿着纹理方向用金属油膏擦洗后,用蜡抛光。

打蜡后的木头 首先要除尘,木块上蜡密封的灰尘会磨损木块。再使用固态蜡(含有溶剂的蜡膏)。干燥后抛光。

简单修理

罩光漆 修复时去除表层抛光剂。用浸有工业酒精的细钢丝绒擦洗。

粘性抽屉 沿着抽屉的边缘及两侧擦拭蜡油。如果仍没有帮助，请检查抽屉是否成直角，如有必要须对其进行修理。

"再利用"的家具

改变用途 当你下次看到喜欢的家具需要修理或复原时,想想别的——考虑一下如何发现旧家具的新用途、新功能。

书架

板凳座 将三张板凳叠加后做成比砖或木板书柜更美观的书柜。

改变衣柜的用途

旧衣柜 存放物品的抽屉可做成咖啡桌，衣柜以前的悬挂空间可做成带玻璃门的书柜。

浴室梳妆镜

餐具柜 将美丽的餐具柜翻新成浴室橱柜。

装饰性床头

古董栏杆 将部分古董栏杆或是格板门做成装饰性床头。

床头柜

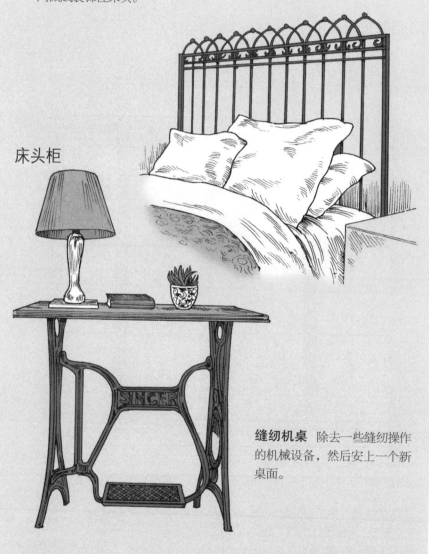

缝纫机桌 除去一些缝纫操作的机械设备，然后安上一个新桌面。

窗上用品

调节光、热 挂帘和百叶窗有多种功能：在装饰房间、保护隐私的同时，也能遮挡夏天炎热的阳光，减少冬天夜晚热量的散失。

清洗百叶窗和挂帘

罗马百叶窗 取下百叶窗，拉动牵绳并展开，取下牵绳后，用清洗卷帘的方式清洗（见P103），然后再重新组装起来。

家具及灯具

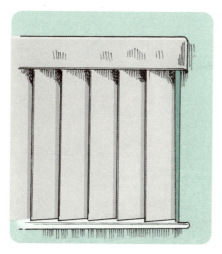

垂直帘 取下叶片，随意堆放后浸泡在清洗剂和冷水的溶液中。悬挂晾干，然后将毛巾放在地板上盛接水滴。

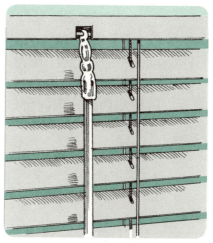

软百叶帘 先用吸尘器在板条的两面除尘。然后，戴上浸泡过热肥皂水的旧塑料手套，用手指从上而下擦洗每一根板条。

丝绒窗帘 用硬毛刷除去丝绒窗帘的灰尘和线头，然后悬挂在热浴缸上恢复绒面。重新悬挂丝绒窗帘。请勿折叠。

卷帘 在温水和洗涤剂中清洗、铺开窗帘。以同样的方式用海绵擦洗。将滴水的卷帘挂在绳上，用毛巾擦干。

修理窗户

自己动手 不管熟练程度如何，你只需要几样工具和半个小时的时间，就可以自己动手简单地修理一些双挂窗户及防蚊蝇窗纱。

将牢固的窗扇固定在双挂窗户上

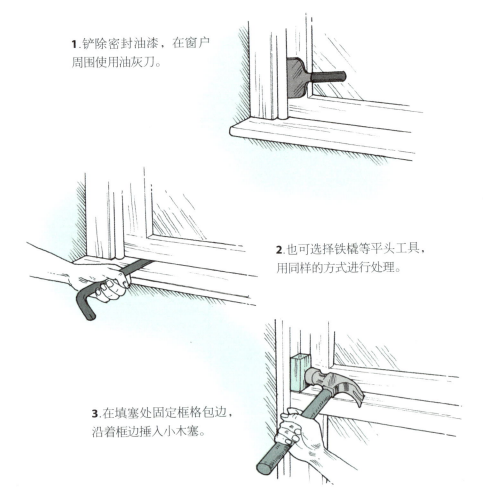

1. 铲除密封油漆，在窗户周围使用油灰刀。

2. 也可选择铁橇等平头工具，用同样的方式进行处理。

3. 在填塞处固定框格包边，沿着框边捶入小木塞。

更换破损的窗纱

1.使用螺丝刀取出固定窗纱的齿条。

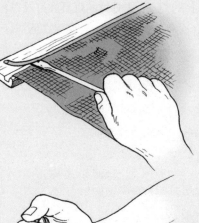

2.切割与旧窗纱同样尺寸的新窗纱后,用油灰刀将其边缘推入孔槽内。

3.使用小木头块和榔头更换齿条,让助手拉紧窗纱后更换其余三面的齿条。

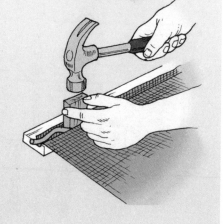

灯具

物体上的灯光 未打理的灯具和灯罩在积累灰尘和油脂的同时，也会降低白炽灯泡和灯管的能效；要确保在清洁灯具前已关闭电源。

枝形吊灯

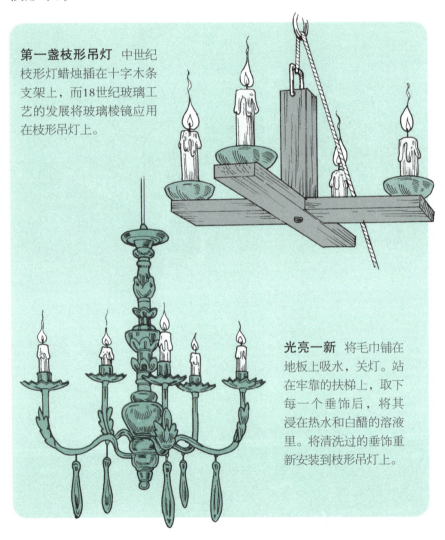

第一盏枝形吊灯 中世纪枝形灯蜡烛插在十字木条支架上，而18世纪玻璃工艺的发展将玻璃棱镜应用在枝形吊灯上。

光亮一新 将毛巾铺在地板上吸水，关灯。站在牢靠的扶梯上，取下每一个垂饰后，将其浸在热水和白醋的溶液里。将清洗过的垂饰重新安装到枝形吊灯上。

灯罩

布、酒椰纤维和麦秆 用吸尘器的刷子吸尘,用棉签和燕麦片清洗仿羊皮纸灯罩。

用旋入式装置更换破碎灯泡

1. 关闭主开关电源,将土豆切成两半。

2. 戴上手套,用钳子尽可能多地取出灯泡中的碎玻璃。

3. 将土豆切口按入灯泡底座后旋开。

镜子

镜子 镜子除了能用来查看领带有没有系歪、妆容是否得当以外,也能反射光和映衬迷人的景色,还能让房间看起来比实际的更大。

在石膏板墙上挂镜子

1. 通过敲击墙面或使用销钉定位器,找出结构木或是结构螺栓。

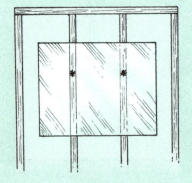

2. 对于长方形的镜子,你需要在墙上安装两个悬挂装置,如上图所示。

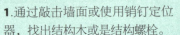

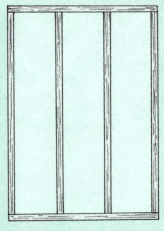

3. 如果你使用两个类似这种的墙面附着物,能将镜子固定在墙体壁骨上。

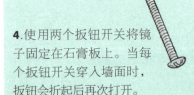

4. 使用两个扳钮开关将镜子固定在石膏板上。当每个扳钮开关穿入墙面时,扳钮会折起后再次打开。

5. 用铁丝穿过、缠绕在两个螺丝孔上来固定框架,挂起镜子。

家具及灯具

清洗玻璃镜面

污渍 用水和硼砂或是小苏打混合的糊擦洗污渍。

抛光 用几滴桉油和清洁布擦拭镜面能防止其蒙上水汽,或是用湿报纸团抛光镜面后,用干报纸擦拭。

电脑

家庭办公室 如果你家里有电脑,很有可能家庭成员在每一天都会用上几小时。因此,显示器的位置及椅子的舒适度对防止重复性损伤很重要。

清洁电脑

显示器 清洗时参照生产商的说明。

键盘 翻转后轻轻晃动。使用自粘胶除尘。用湿布擦去印迹。

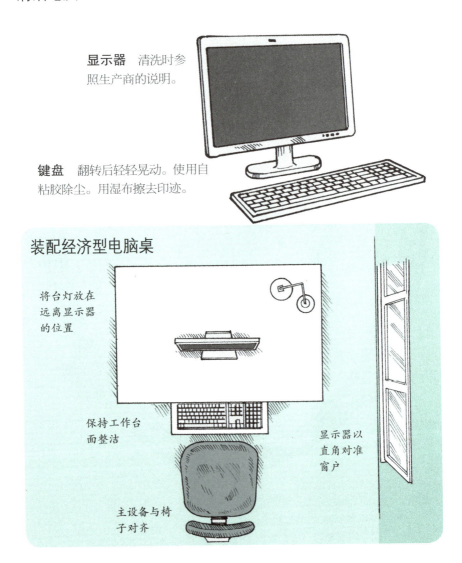

装配经济型电脑桌

将台灯放在远离显示器的位置

保持工作台面整洁

显示器以直角对准窗户

主设备与椅子对齐

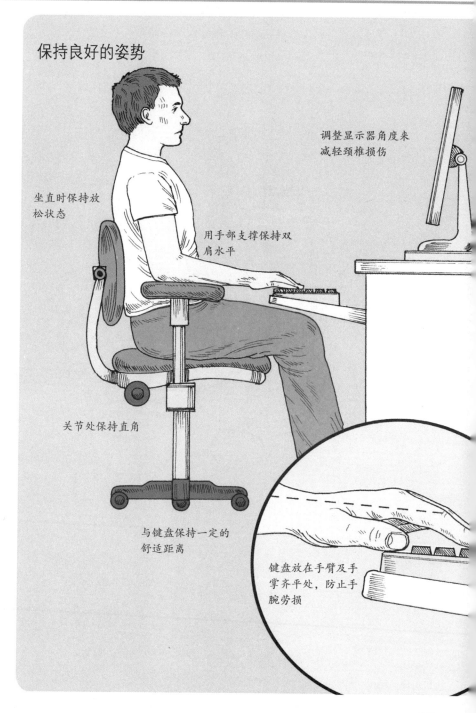

厨房

厨房是家的心脏,在这里可以闻到烤面包的香味、食品储藏室里新鲜水果和果酱的香味以及来自果菜园蔬菜及药草的香味。

辨别食材新鲜度

食品安全 并非所有的产品都有可供参考的保质期。你可以使用一些技巧辨别肉类、海鲜、奶制品、水果、蔬菜及其他食品杂货是否新鲜、无污染、安全可食用。

肉及鸡肉

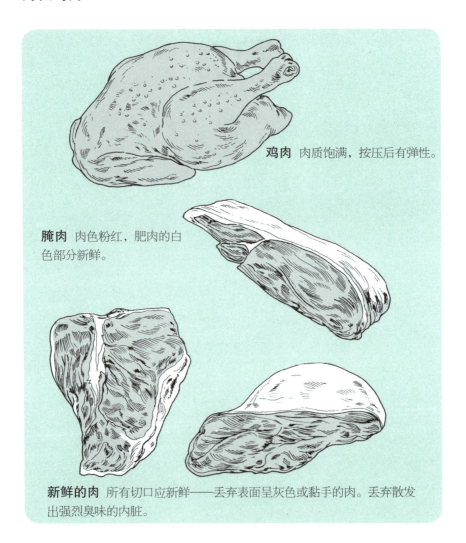

鸡肉 肉质饱满,按压后有弹性。

腌肉 肉色粉红,肥肉的白色部分新鲜。

新鲜的肉 所有切口应新鲜——丢弃表面呈灰色或黏手的肉。丢弃散发出强烈臭味的内脏。

海鲜

龙虾和螃蟹　购买会动的活龙虾和螃蟹。不要选购看起来行动迟缓或是死虾、死蟹。

蛤、蚌　死的软体动物在烹煮后壳不会打开,丢掉壳紧闭的蛤、蚌。

牡蛎　新鲜的牡蛎湿润饱满且有新鲜的味道,敲击后会缩紧。

对虾　不管活对虾还是烹煮后的对虾,其头部应坚实饱满。丢弃头部发黑或呈糊状的对虾。

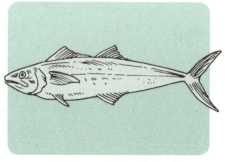

鱼　鱼眼清晰凸出,鱼鳃鲜红,鱼皮紧实。请勿购买用手指挤压后有凹痕的鱼。

鸡蛋及奶制品

牛奶 如果不确定牛奶是否新鲜，倒一部分在沸水中。如果牛奶凝结后分开，说明牛奶过期。

隔热袋 购物回家前在存放易腐坏食品的冷藏袋中加入少量冰块。

鸡蛋 将鸡蛋浸在装水的平底锅中，丢掉浮着的鸡蛋。

奶酪 丢掉长有大量霉菌的奶酪，长有部分霉菌的奶酪可在除去霉变部分后食用。

酸奶 请勿食用没有凝乳的酸奶。

水果和蔬菜

轻轻挤压鳄梨茎干部分，柔软则说明已成熟

拍打西瓜——它们会有震颤声

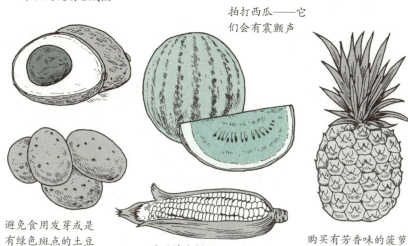

避免食用发芽或是有绿色斑点的土豆

购买外皮鲜绿的玉米

购买有芳香味的菠萝

不易腐败的食物

查看加工食品上有无保质期

包装完整

避免选用盖子膨胀的奶制品，如酸奶的盖子膨胀则不宜食用

请勿购买粘有冰块的冷冻食品，它们曾经被解冻过

奶制品需冷藏

不要购买膨涨、有凹痕或是生锈的罐头

保质期有多长

冷藏食物 在建议的时间内食用食物及饮料，让你可以尽量避免在冰箱后部堆积干瘪的蔬菜和霉变的奶酪。

蛋糕、开瓶后的红酒、鱼及烹饪后的鸡肉

牛奶、大部分蔬菜、牛肉、药草、部分水果（如草莓及核果等）

奶油、鸡蛋、腊肠、火腿、柑橘、根菜及奶酪

厨房

M	T	W	T	F	S	S
1	2	3	4	5	6	7
8	✗	✗	11	12	13	14
15	16	17	18	19	20	21
22	23	24	25	26	27	28
29	30	31				

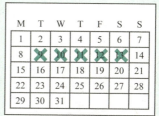

M	T	W	T	F	S	S
1	2	3	4	5	6	7
8	✗	✗	✗	✗	✗	14
15	16	17	18	19	20	21
22	23	24	25	26	27	28
29	30	31				

M	T	W	T	F	S	S
1	2	3	4	5	6	7
8	✗	✗	✗	✗	✗	✗
15	✗	✗	✗	✗	✗	✗
22	23	24	25	26	27	28
29	30	31				

冰箱卫生

安全储存 储存食物不仅仅是指将食物放置在冰箱架上、关闭冰箱门。一些食物易于变质，须密封处理，而很多食物只能冷藏较短时间。

冰柜

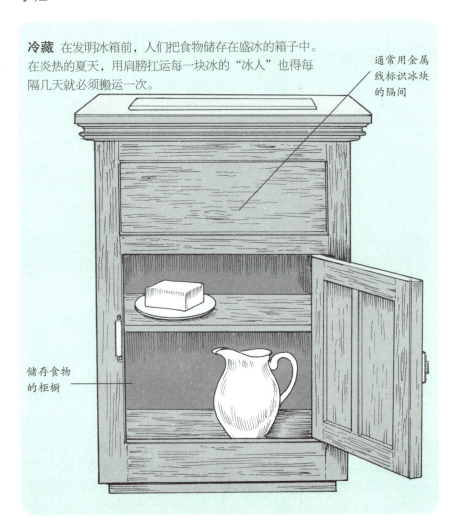

冷藏 在发明冰箱前，人们把食物储存在盛冰的箱子中。在炎热的夏天，用肩膀扛运每一块冰的"冰人"也得每隔几天就必须搬运一次。

通常用金属线标识冰块的隔间

储存食物的柜橱

厨房

冰箱

摆放合理的冰箱 回家后取出新鲜食物,在去除塑料包装后,正确地存放会延长它的保存期;每周清洗冰箱一次。

- 速冻牛肉和禽肉能保存近一年
- 速冻蔬菜能保存近一年
- 将鸡蛋装入鸡蛋盒中储存
- 盖上黄油盖防止变质
- 将鱼放在盘子里,用保鲜膜覆盖
- 散开的肉类放在布丁碗中,在碗的上方压上盘子
- 将蔬菜储存在保鲜盒中

121

怎样切热带水果

热带水果 很多热带水果籽大、果壳坚硬，以此保护果肉。学习在果实成熟时如何正确切开、品尝这些美味是很有用处的。

剥石榴皮

有果香味的花 切下茎干顶端，将石榴切成四份后，石榴会像花一样打开。将其倒置在碗中用木勺敲打。

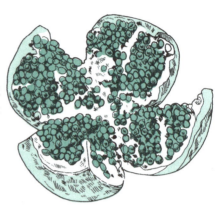

敲开椰子

1. 用钉子在椰子两个软的部位即眼口刻出凹痕。

2. 用锤子将钉子钉入两个孔中。

3. 倒放椰子排净椰汁。

4. 用旧毛巾包裹椰子，用锤子敲打直到椰子碎成块状。

5. 使用锋利的小刀从椰子壳中仔细取出果肉，这将需要一点时间。

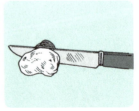

6. 切去内壳。将椰肉块放入水中，在冰箱中储存。每天换水。

芒果的棘刺切法

1. 沿着果核的两面切开芒果，避免倾斜。
2. 以成直角的对切刀，划开每个切面上的果肉。
3. 由内向外翻起切面，吃芒果更容易。

切菠萝

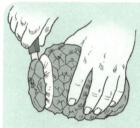  

1. 去除菠萝的顶端和底端。
2. 沿着菠萝皮的纹路将菠萝切成几个部分。
3. 将菠萝切片后取出硬核。

去鳄梨核

1. 将鳄梨切成两半后拧开。
2. 分成两半后，鳄梨核会留在其中的一半中。
3. 用小刀敲打，果核分离后取出。

食品储藏室

高效存储 一个存放主食、井然有序的食品储藏室,不但能在紧要关头帮你快速做晚餐、制定购物单,也能减少浪费、节省开支。

整理技巧

草药和香料以字母的顺序排列在CD盒中

将散页菜谱保存在活页夹中

用马克笔在标签贴纸上进行标注

将类似的东西放在一起,例如,将调味品放在托盘中

用托盘再做一个支架

将罐及坛子放在餐桌转盘上

厨房

储藏室日常用品

烘烤用品 发酵粉、小苏打、面包屑、玉米粉、面粉（普通的自发面粉）、糖（红糖、白糖、糖衣）、酵母。
饮料 咖啡、茶、可可粉。
罐头 菜豆、可可奶、番茄。
调味品 盐、胡椒、芥末、沙司（大豆、伍斯特沙司及塔巴斯科辣酱油）。
干果及水果干
干草药及香料

干豆 豆类（扁豆、宽豆、长白菜豆）、鹰嘴豆、小扁豆。
谷物 谷类、蒸粗麦粉、面、通心粉、玉米面、米（长粒、短粒、意大利米）、燕麦片、小麦粉。
油 橄榄油、芝麻油、植物油。
涂抹物 蜂蜜、果酱、花生酱。
存货 鸡肉、肉类、蔬菜。
醋和酒类 糙米醋、香醋、红酒、白葡萄酒。

省钱妙招

潜在的说服者 超市的设计人员精选了几项策略让你慢下脚步,购买更多原本未打算买的东西。以下是一些能削减开销的妙招。

预先计划

制定晚餐计划 制定购物单并按上面的执行。

购买散装 不易腐坏的物品,如肥皂、厕所纸等,可购买散装。

讨价还价 寻找促销商品。

批量购买 团购批发化零为整地整体购买。

货比三家 用计算器计算每升或是每克货物的价格。

自己动手做 不要购买广告推广的清洁用品。

请勿购买加工产品

软饮料 用果汁制成的软饮料。

果汁+苏打水=果汁汽水

厨房

取代"中间商"

自己烘焙 用上等原料制作面包、蛋糕、饼干及牛奶什锦棒。

直接购买 成为水果、蔬菜直销集贸市场或店铺的客户。

自己种草本调味料 需要时即可采摘它们。

127

做一名环保购物者

轻松对待 这里的"环保购物"意为避免购买过度包装或是塑料包装的商品,购买新鲜、完全有机的食品以及遵循公平交易准则生产的产品☆。

塑料产品

- 不要购买一次性的塑料餐盘、塑料杯及塑料餐具
- 使用可重复利用的购物袋
- 不要购买一次性尿布
- 购买可生物降解的垃圾箱衬垫
- 除非自来水饮用不安全,不要喝瓶装水
- 用可重复使用的容器盛蜂蜜等物品

☆公平交易准则指在交易过程中,倡导支持公正、平等、透明、健康、安全、可持续、环保、彼此尊重、扶持经济弱势者的交易关系与原则。

购买散养的鸡及鸡蛋

公平交易产品

"道德购物" 如所购产品来自其他国家,确保该产品使用的是可再生材料,生产商支付了工人合理的工资。

购买咖啡

外带杯 如果经常购买外卖咖啡,使用自己的隔热杯和杯盖。

有机咖啡 咖啡作物会被喷洒杀虫剂,处理速溶咖啡也需要大量能源。请购买有机咖啡粉或咖啡豆。

生活整理图鉴

烹饪技巧

基本技能 制作披萨和意大利面有一些方便的技巧、食谱及简单的说明——它是所有年龄层人群的最爱。

实用提示

催熟鳄梨 将鳄梨与熟苹果或香蕉一起放在棕色纸袋中。

除去杏仁皮 将杏仁浸泡在沸水中几分钟后,再投入冷水中。

保护花盆 为防止洋蓟将铝制花盆变灰,首先放进加了一汤勺醋的水中浸泡。

小银鱼太咸 在牛奶中浸泡10分钟。

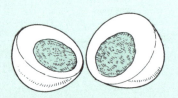

防止鸡蛋碎裂 在鸡蛋的钝端用针刺个洞。

迷迭香串肉杆 撕去大部分叶子，留下末端的几片叶片。

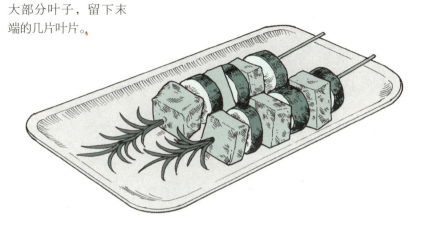

无泪洋葱 切洋葱前将洋葱冷冻10分钟。

桔子去皮 将桔子放在沸水中，橘皮下的海绵层及橘皮就会容易剥落。

甜菜根去皮 将煮过的甜菜根放入冷水后去皮。

容易涂抹的黄油 加入几滴沸水以软化冷冻的黄油。

额外的香味 为加强薄荷的香味，可加入一些精白砂糖，剁碎。

花椰菜凝乳 在水中加入柠檬皮。

制作意大利面

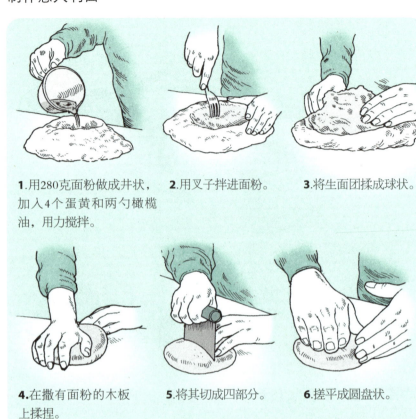

1. 用280克面粉做成井状，加入4个蛋黄和两勺橄榄油，用力搅拌。
2. 用叉子拌进面粉。
3. 将生面团揉成球状。
4. 在撒有面粉的木板上揉捏。
5. 将其切成四部分。
6. 搓平成圆盘状。
7. 辗平生面团。
8. 快速翻转后再次碾平。
9. 保证其透明度。

切宽面

1. 将面皮切成长方形。
2. 折叠两次。
3. 切成细条后铺开,待其干燥。

制作饺子

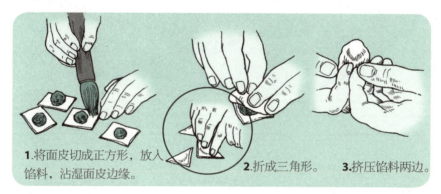

1. 将面皮切成正方形,放入馅料,沾湿面皮边缘。
2. 折成三角形。
3. 挤压馅料两边。

辨别意大利面形状

蝴蝶面　　　螺旋式面　　　管状面

制作披萨

个性化披萨 尝试用糕点上的装饰配料,使用自己种的蔬菜、草本调味料。

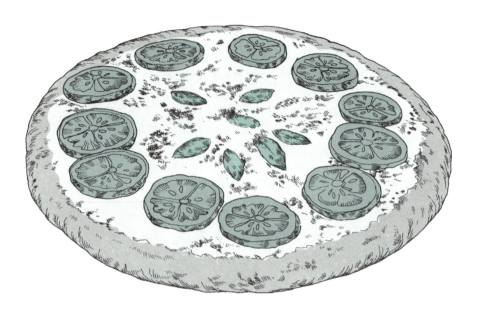

手边的工具 购买披萨盘和刀具。披萨盘能使烘烤更快速。

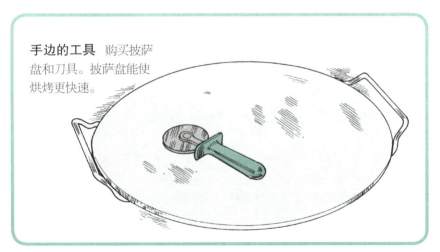

披萨面团

- ◎ 400克中筋面粉
- ◎ 1勺橄榄油
- ◎ 1勺干酵母
- ◎ 1杯温水
- ◎ 1勺盐

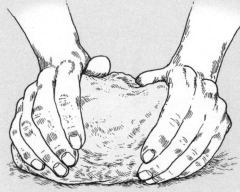

1.将所有原料混合在一起。将水和油混合在一起,并且混入干面粉中。搓揉,直到面团光滑有弹性。

2.将面团放入擦过少许油的碗中。用干净的毛巾覆盖后待其发酵成原来的两倍。回揉时,切成两三份,用布覆盖后再次醒面。

3.在面粉板上碾平面团,加入自己喜欢的装饰配料。可供四人食用。

下午茶

烘烤日 在祖母的家里，烘烤日每周一次。比起新鲜出炉的面包香味，从烤箱出来的还有更吸引人的东西：甜爽华丽、装满饰物的蛋糕。

庆祝蛋糕

天然着色 将一些咖啡豆放在蛋清中，直到蛋清变绿。

蜡烛 为了保护蛋糕，将蜡烛插在棉花糖中。

快速凝固糖衣 将少量醋加入混合物中。

巧克力蛋糕 在奶油蛋糕烤盘上洒一层可可粉，而不是面粉。

糖镊子 19世纪前糖被装在硬面包中出售,需要用特殊的工具切割。

烘焙技巧

烤饼 用热牛奶替代冷牛奶。

巧克力卷 在慢煮的平底锅上融化100克碗装巧克力。倒在大理石板上,冷却。用刀在其表面推动。

花饰 用打过的蛋清画紫罗兰,接着将其浸在精白砂糖中,等待干燥12小时。

制作自发粉 1杯纯面粉加上1.5茶匙发酵粉。

公用烤箱 与朋友们订一个烤面包日,一起使用同一烤箱。用不同的造型标示每片面包用以区别制作者。

厨房经济

不浪费 我们总会丢弃大量的高品质食物，而不爱吃剩菜剩饭、或许可以用创新的方式再次对其进行利用。以下一些简单的方法能最大程度地利用剩菜剩饭及过期食品。

利用现成的东西

过熟香蕉 利用它们做冰沙及香蕉面包。

法式吐司 在不新鲜的面包中加入鸡蛋、牛奶，用黄油煎至金黄。洒上肉桂和糖。

蔬菜汤 准备鸡架及蔬菜残渣，在2勺橄榄油中加入1片剥开的大蒜和一个小洋葱炒制。加入蔬菜切片，1盒去皮番茄，1升高汤。烹制直到蔬菜变嫩、尝起来有味道。供4人食用。

炒饭 这是利用剩饭和剩余蔬菜的最好方法。

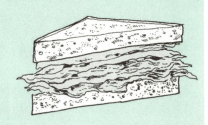

三明治 制作三明治,里面夹入剩余的猪肉和鸡肉。

煎蛋卷 将剩余奶酪、一些鸡蛋和一些蔬菜做成煎蛋卷。

方便袋 使用自封袋冷藏剩余蛋清、可可奶及红酒。

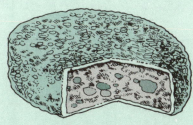

土豆炸肉饼 使用剩余的蔬菜及捣碎的土豆。

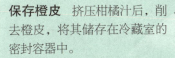

保存橙皮 挤压柑橘汁后,削去橙皮,将其储存在冷藏室的密封容器中。

自种果蔬草本

自己种植 即使生活在公寓里，你也可以在向阳的窗台上种一盆药草，或是在对着阳台的墙边栽种柑橘树墙。如果有空间的话，可尝试以下简单的果菜园计划。

"平方英尺"夏日园艺计划

作物轮作 为防虫害，每个季节轮作不同的作物，以避免同种作物在同样的一平方英尺中连续耕种两季。

修剪靠墙的果树

古代修剪技巧 栽种二维果树的一些优势：占用更少空间；可以遮盖丑陋的墙面。当栽种在墙体附近时，墙体夜晚散出的辐射热能延长植物的生长季节，也使水果更容易采摘。

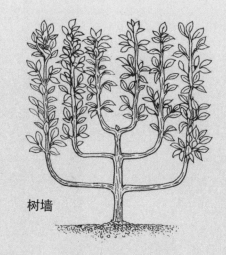

树墙

栏栅

扇形

可供食用的观赏植物

向日葵

草莓

甘蓝

洋蓟

葡萄

花椰菜

在寒冷的气候中种植草本植物

阳光充裕的地方 在阳光充足的窗户前安装玻璃花架或是在窗台上摆放花盆。

延长储存期

最佳品质　虽然药草、水果及蔬菜有着不同的储存方式，但果仁及根茎类蔬菜都能储存更长的时间。请遵循以下原则来储存健康可食用的食物。

干燥及储存

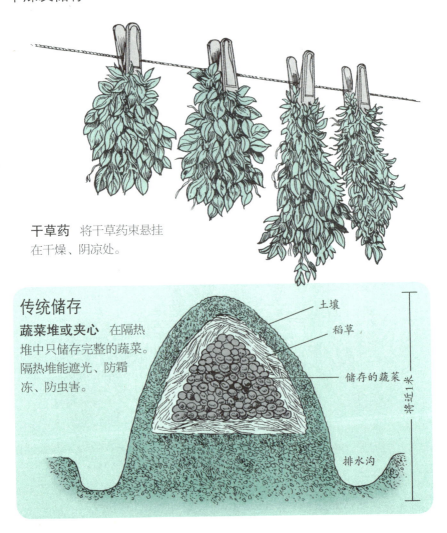

干草药　将干草药束悬挂在干燥、阴凉处。

传统储存

蔬菜堆或夹心　在隔热堆中只储存完整的蔬菜。隔热堆能遮光、防霜冻、防虫害。

土壤
稻草
储存的蔬菜
将近1米
排水沟

厨房

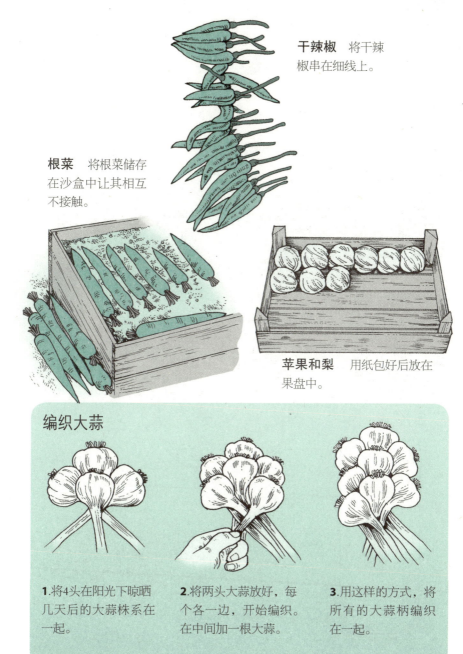

干辣椒 将干辣椒串在细线上。

根菜 将根菜储存在沙盒中让其相互不接触。

苹果和梨 用纸包好后放在果盘中。

编织大蒜

1. 将4头在阳光下晾晒几天后的大蒜株系在一起。

2. 将两头大蒜放好，每个各一边，开始编织。在中间加一根大蒜。

3. 用这样的方式，将所有的大蒜柄编织在一起。

果菜供过于求

大丰收 如果收获的新鲜作物一下子吃不完,你可以考虑冷藏、腌渍,或晒干,或是加到果酱、黄油、饮料、汤、酸辣酱、开胃小菜及沙司中。

柑橘

蜜制橙皮

柠檬脯

橘子酱

自制柠檬汁

需要时可添置冰块

香草

香草奶油

冷冻的碎香草

香料包（月桂、百里香、西芹和迷迭香）

罗勒酱

◎ 1.5杯罗勒叶
◎ 0.25杯烤松仁
◎ 0.75杯帕尔马干酪
◎ 5勺橄榄油

1. 加工前三种原料直至调匀。
2. 加入油使其调匀。
3. 倒入已消毒的罐中，用橄榄油覆盖后冷藏。

烤甜椒

1. 用钳子夹在火上烤一会儿。翻转甜椒直至表皮发黑。

2. 放在棕色纸袋内,甜椒能产生足够的蒸汽使表皮松开。

3. 撕去表皮,切片后放入罐中,用橄榄油覆盖后密封。

番茄做的菜

番茄汤

番茄意式面包

番茄去皮

1. 在每个番茄底部画上十字,在热水中浸泡30秒。

2. 将番茄放在一碗冰水中,等待5分钟。

3. 取出后从划痕处剥开。即食或冷藏。

番茄调味酱

◎ 1千克成熟的番茄，洗净后切半。
◎ 1小个洋葱，剁碎。
◎ 两勺橄榄油

1. 在大炖锅中用中火煮番茄10分钟。
2. 煮成浓汤后倒入滤网或果酱机中。取出籽和皮。
3. 用小火油炒洋葱，加入番茄后炖30分钟。
4. 装瓶后放入冰箱保鲜储存1星期或是冷藏3个月。

其他方法 制作一些番茄开胃菜、酸辣酱或是番茄酱。

用烤箱制作番茄干

1. 将罗马番茄切半，放在托盘上烘烤。
2. 撒上盐和香草增味，用低温烘烤8小时。
3. 储存在消毒的罐中，盖上橄榄油后密封。

厨房除害

系统控制 防御的第一步在于保持厨房一尘不染,因为食物残渣会吸引鼠虫;第二步即尝试使用一些非化学药剂方式除害。

蟑螂

柜橱 撒播香草豆、除虫菊或是黄瓜皮。

猫薄荷茶 将猫薄荷茶涂在所有蟑螂出没过的表面。

胶质陷阱 将浸过啤酒的面包放在罐中当诱饵,用凡士林涂抹在倾斜的瓶颈处——蟑螂能爬进罐里但爬不出来。

蜂蜜陷阱 将香蕉皮和一勺蜂蜜放入罐中。

苍蝇

苍蝇拍

1. 将1/4杯金黄色糖浆或枫糖浆及一勺红糖或是白糖混合。

2. 将棕色纸条放在糖浆中过夜后挂起晾干。

蚂蚁

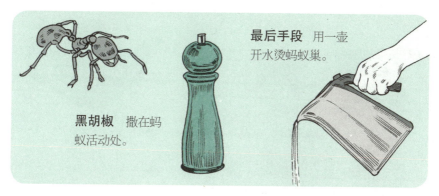

最后手段 用一壶开水烫蚂蚁巢。

黑胡椒 撒在蚂蚁活动处。

啮齿动物

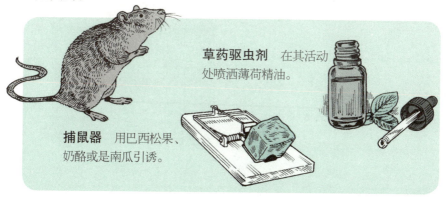

草药驱虫剂 在其活动处喷洒薄荷精油。

捕鼠器 用巴西松果、奶酪或是南瓜引诱。

清洗任务

老式窍门 保持厨具和烤盘的干净，没必要使用化学产品。在每次使用完它们后，由上往下擦洗灶具表面，可采用以下简单的方法。

日常工作

烤盘上的调味品 洗后用纸巾擦干植物油或橄榄油。

烤糊的蛋糕盘 浸在滚烫的热水中，翻面后倒放在报纸上，水蒸气能让残留物变松软。

茶渍 将盐水溶液装在茶壶中，过夜后洗净茶渍。

脏炉灶面 将浸过热水的布铺在炉灶表面，过夜后洗去残留物。

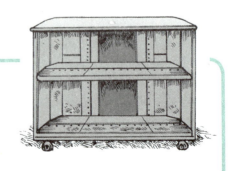

烤肉柜 18世纪时厨师用烤肉柜在明火前烤肉。通过烤肉柜背面的门确认其是否烤熟。

去除生铁锅上的锈迹

1. 用钢丝球擦洗锈迹。
2. 将油涂抹在铁锅表面后,放入适量的盐,弄成糊状。
3. 用纸巾擦洗后漂净。

洗锅、洗盆

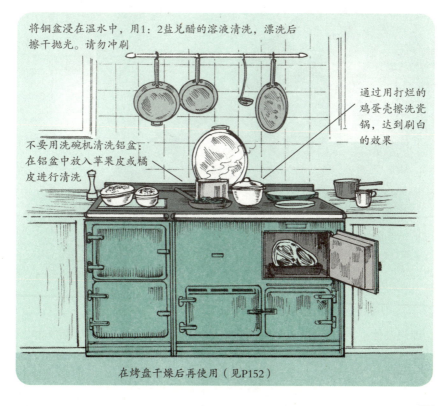

将铜盆浸在温水中,用1:2盐兑醋的溶液清洗,漂洗后擦干抛光。请勿冲刷

通过用打烂的鸡蛋壳擦洗瓷锅,达到刷白的效果

不要用洗碗机清洗铝盆:在铝盆中放入苹果皮或橘皮进行清洗

在烤盘干燥后再使用(见P152)

红酒

生活的乐趣 即使拥有的红酒数量有限,你也要小心防止红酒变质。最重要的条件是低温、少光照、足够的湿度以防止瓶塞干裂。

红酒储存

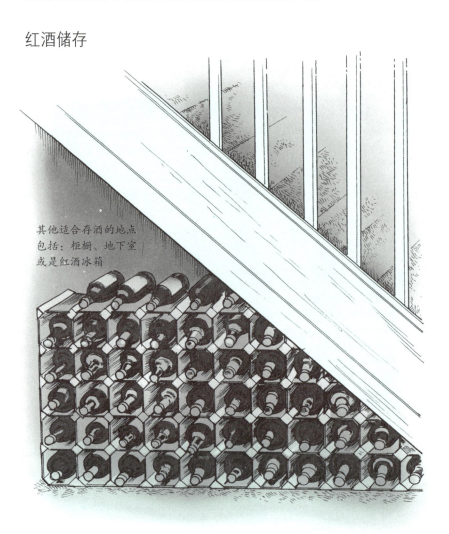

其他适合存酒的地点包括:柜橱、地下室或是红酒冰箱

理想条件 将红酒储存在低温、阴暗、恒温(5℃~18℃最佳)处,平放红酒瓶以保持瓶塞的湿润。

红酒救星

真空泵 可以抽出没喝完的红酒瓶内的空气，然后盖好瓶塞进行保存。

打开瓶塞

开瓶器造型不同，使用方法也略有区别，此处介绍的是一种常见的开瓶器的用法。

1.切开并撕去锡封口。

2.将开瓶器转入瓶塞一半的位置上。

3.将手柄卡在边缘后，将瓶塞拉出。

瓶塞破碎后怎样倒酒

1.用吸管将瓶塞推回瓶内，将红酒倒入玻璃杯上的咖啡滤纸中。

2.让红酒慢慢流入玻璃杯中。

3.取下滤纸。

家用衣柜的整理

每一个家庭都需要一个整洁、安置有序的日用大衣柜。当你需要抹布、被单和枕套、餐布、毯子以及羽绒被时,你就可以很轻易地找到它们。

关于家用衣柜

除褶装置 "压"这个术语来自几千年前的一个真实情况:即使用简单的机械来压平褶皱。现在它更偏向于指代一种有着特殊设计的内置橱柜。

螺旋压力机(约1850年)

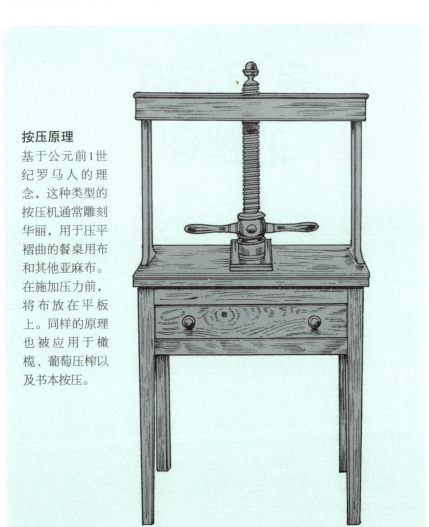

按压原理

基于公元前1世纪罗马人的理念,这种类型的按压机通常雕刻华丽,用于压平褶曲的餐桌用布和其他亚麻布。在施加压力前,将布放在平板上。同样的原理也被应用于橄榄、葡萄压榨以及书本按压。

18世纪乔治时代的大衣柜

地位象征 大衣柜也是一种美观的橱柜。事实上它增加了曾作为财富标志的家庭用布的供应量。如果拥有大量亚麻,你可以一直使用到下一次"大清洗"。

储存原则

节约时间和精力 为了方便取用，有必要把放满干净亚麻制品和卧具的衣柜整理好。把你最常用的那些东西放在与视线齐平的位置。

简单贴士

- 将大件物品，如毯子和被单放在架子的较高处。
- 将毛巾与毛巾、餐布与餐布按类别放在一起。
- 将刚洗好的亚麻布放在底部来压平磨损，使用时由上层拿取。
- 放入篮子、盒子中，让储存更灵活。
- 给架子装上衬垫，防止未处理的木头损坏亚麻。
- 放入一盒粉笔来吸收湿气。

哪些该做，哪些不该做

该做 将香皂条放在每层隔板上，一旦你使用它时，它的香味能持续很长时间。

该做 使用干燥的薰衣草、丁香、野甘菊、薄荷、桉树、月桂叶香袋或是干橘皮驱除蛀虫。将香袋放在抽屉中或是挂在衣架上。

不该做 不要使用雪松球和雪松块。它们会损坏精致的亚麻，让其变黄。

不该做 不要将淀粉撒在亚麻上。淀粉会招来吃淀粉的蠹虫，会在亚麻上留下污点。

不该做 不要存放脏、潮湿的衣物。脏会吸引虫害，而潮湿会引起霉变。

存放桌布的三个妙招

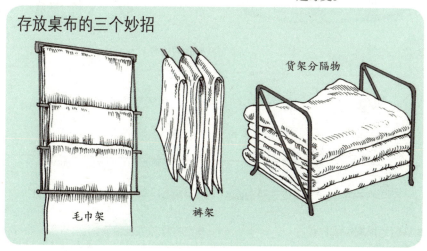

毛巾架　　裤架　　货架分隔物

被单和枕套

干净的被单 尽管订做的被单在铺床时更容易、更迅速,但折叠它是一个挑战。尽量在每天铺床前通风,每周清洗一次被单和枕套。

折叠订做的被单

1.将短的那面朝向你,对折后塞在褶皱的角落。

2.将褶皱的一角拉起后塞入另一个角内。

3.拉平被单。

4.纵向折叠1/3。

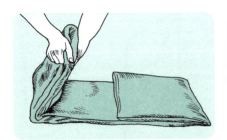

5.从短的那端折成1/4。

6.整齐堆放在亚麻套内。

简易存储

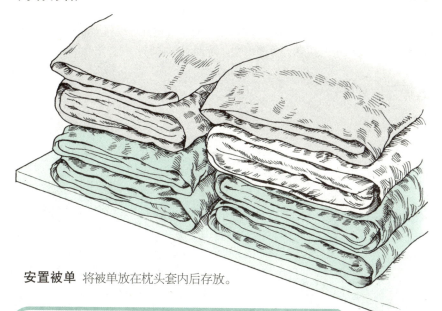

安置被单 将被单放在枕头套内后存放。

折角铺叠法

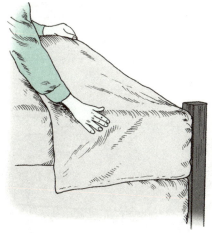

1.将床单下部放在床垫底下,沿着床垫铺平,拉紧多余部分。

2.让多余的部分垂下,使其形成一个整洁的褶后塞入。另一边也重复同样的步骤。

毯子

温暖、舒适 质量好的纯绒毯子能使用一辈子,但你也可以选择其他耐久的、可持续使用的织物,如麻、竹等织物。定期清洗它们,并在阳光下晒干。

选择环保毯子

由亚麻制成的亚麻布

有机棉

麻

竹

暖床炉

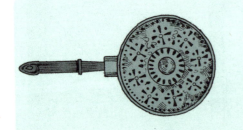

铜制暖盘 由气孔将灰、煤、泥炭燃烧时的烟排出。

苏格兰暖床炉 由粗陶器做成,容器中装有热水。

保养纯羊毛毯

温和手洗 在温水中用温和的清洗剂洗涤纯羊毛毯,最好手洗,否则羊毛会粘结。旋转甩干后抖开。挂在2~3条绳上晾干。

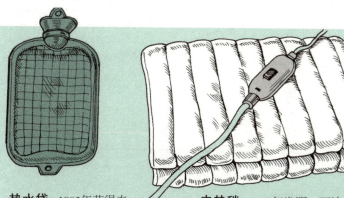

热水袋 1903年获得专利,现在还很流行。

电热毯 1912年发明,可放在睡眠者的身上或者身下。

羽绒被和枕头

像羽毛一样柔软 需要定期清洗羽绒被和枕头,尤其是过敏体质的人。每年可以自己动手清洗一次,而不是拿去昂贵的店里干洗。

清洗羽绒被

踩踏除污 将温水注入浴缸中,加入少量温和清洗剂,站在上面用脚踩。水洗三次,挤出多余的水分后拧干。可以用同样的方式逐个清洗羽绒枕。

拧干羽绒被

1. 将羽绒被挂在阳光下的晾衣绳上晾干。定期抖动羽绒被让羽绒均匀。

2. 在滚筒式烘干机中放入两个网球，网球能帮助抖松羽绒。

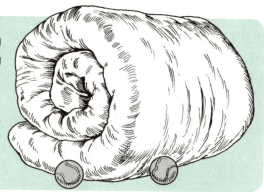

过敏体质

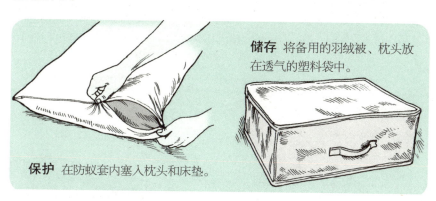

储存 将备用的羽绒被、枕头放在透气的塑料袋中。

保护 在防蚁套内塞入枕头和床垫。

你知道吗

鸭绒被 鸭绒被指填满鸭绒的被单。

被套材料 通常是织得较紧密的条纹状织物，以防止羽绒露出。

毛巾和抹布

烘干 柔软、吸水的厚毛巾能给生活带来一些愉悦,而干净的抹布会成为厨房的装饰物之一。购买那些你负担得起的优质产品,它们能使用很多年。

折叠毛巾

1.将毛巾折成长度的一半。

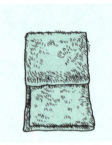

2.再折成1/3。

3.将所有相匹配的存放在一起。

抹布

餐巾 将优质的亚麻抹布作为餐巾使用。

清爽洁净 将抹布浸泡在两勺酒石和1升沸水的溶液中。过夜后清洗,然后在太阳下晒干。

安全 将尼龙粘扣缝在短的那端,以防止其掉到地上。

回收利用旧毛巾的五个点子

将大小不同、装饰相同的毛巾混合放置

沙滩包

沐浴手套

婴儿用连帽浴巾

热水袋套

餐布

传家宝 如果你的亚麻材质餐布有绣花的工艺（也许是你的母亲或是祖母留下的），你可要好好保养它，并传给下一代。

去除顽固污渍

锈迹 用柠檬汁和盐混合的糊擦洗，等待20分钟后再冲洗。

口红 涂抹少量氨水，用指甲蹭一滴洗碗液擦洗。如果不起作用的话，尝试商业污渍去除剂。

蜡油 用冰块擦洗后剥掉。用桉油吸取残留物，接着洗净。

油脂 将布放在两片吸墨纸中间熨烫。

泛黄 隔夜浸泡在混有1杯酒石的1桶水中，然后照常洗涤。

折叠圆形桌布

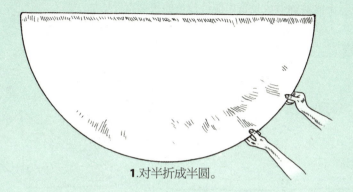

1. 对半折成半圆。

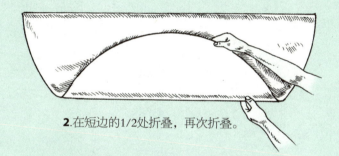

2. 在短边的1/2处折叠,再次折叠。

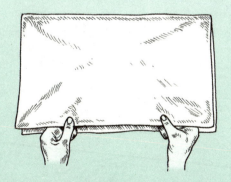

3. 从长边的1/4处折叠两端后再对折。

餐巾叠法

特殊场合 餐巾折叠的艺术似乎有点复古，但当你在正规餐厅里吃饭时，一套活泼、干净的锦缎或是餐巾能给传统的餐桌布置增加一些亮点。

金字塔

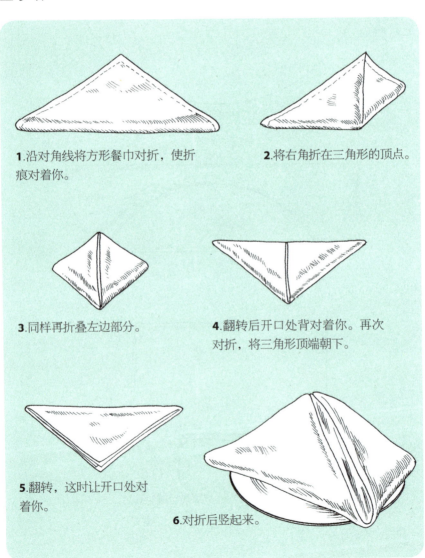

1. 沿对角线将方形餐巾对折，使折痕对着你。
2. 将右角折在三角形的顶点。
3. 同样再折叠左边部分。
4. 翻转后开口处背对着你。再次对折，将三角形顶端朝下。
5. 翻转，这时让开口处对着你。
6. 对折后竖起来。

扇形

1. 折成长度的1/2，将短的那面打褶后留出1/3。

2. 再次折叠，将所有的褶放在外面。

3. 沿对角线未折叠部分，折叠顶部的角，塞在褶痕下面。

4. 打开扇形，将其放在架子上与晚餐保持一定的距离。

过了最佳使用期

第二次生命　当床单、毯子和桌布破了一个洞或是被磨损，不要将它们扔掉。有很多方式可以使它们未破损的部分有新的功能。

旧床单和桌布的再利用

坑道罩布，用于保护花园

洗衣袋

在油漆和装修时的防尘罩

幽灵服装

利用旧毯子的五个点子

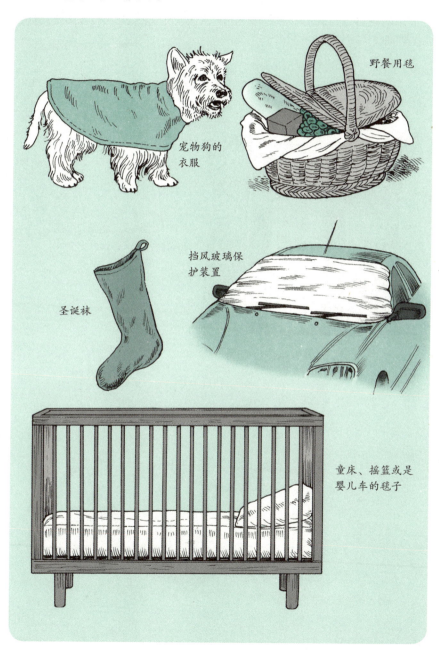

旧桌布回收利用的五个点子

简单的项目　如果你对一块旧桌布很有感情,可考虑将其未损坏的部分缝在布艺棉被或是以下物品中。

垫子套

高档细薄小手帕

内衣袋

家用衣柜的整理

洗涤和熨烫

一般周一为清洗日,这样家庭主妇们就有时间在周日到来之前晒干、熨平衣物和床单。

清洗贴士

格外小心 为了使清洗更简单有效,鼓励家庭成员将脏衣服分类后再放入合适的容器中。在清洗新衣物前请先阅读衣物的洗涤标签。

分类清洗

分类箱 将白色、彩色和易损衣物分开,再将其按脏的程度分类。

洗护标识

 冷水清洗

 温水清洗

 热水清洗

 免烫

 易破损/轻洗

洗涤和熨烫

扣件

固定纽扣 为防止纽扣在清洗时掉落，在缝合处擦少量洗甲油。

纽扣和袖口 解开纽扣，搅动会撕裂纽扣洞。放下袖口可以更彻底地清洗、干燥。

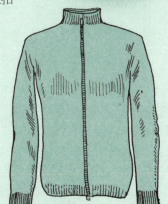

拉带 系紧拉带后拉带不会缠绕在小物件上。

拉链 拉上拉链，拉链齿会损坏衣物。

请勿放置水中洗

手洗

干洗

漂白

请勿漂白

清洗妙招

正确清洗 现代洗衣机和干洗机让衣物的清洗变得更容易，但不同衣物应用不同的清洗方法，这不但能使衣物穿得更久，而且也能节能节水。

有用的提示

易褪色衣物 单独清洗旧的白色短袜和易褪色衣物，直到不再褪色为止。

黑色衣物 清洗前将黑色衣服翻面，尽可能减少褪色。

健身装备 根据衣物标签说明清洗运动服。

睡衣 至少和清洗床单的次数一样，每周一次。

洗涤和熨烫

为弄乱短袜而烦恼 清洗前用线将袜子订在一起。

清空口袋 检查，如硬币、纸币等口袋是否有物品。

牛仔布 经常清洗会使牛仔布褪色。

仅穿一次的衣物 如果衣物只穿过一次，只需晾干即可。

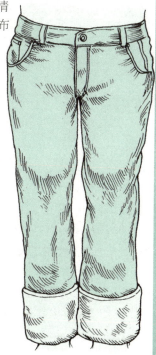

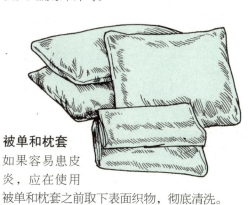

被单和枕套 如果容易患皮炎，应在使用被单和枕套之前取下表面织物，彻底清洗。

去污

立即行动 黄金准则：染上污渍后立即处理。从粘有污渍的那面开始清洗以防污渍蔓延；用钝刀或抹刀去除固体物质。

力气活

敲打干净 很多国家，尤其是在洗衣机还是奢侈品的国家，人们借助以下工具搓洗、敲打衣物来去污。

搓板和洗衣盆

洗衣棒

洗衣石

去除一般污渍

番茄渍 将番茄渍浸在白醋中。

浆果渍 用生土豆片擦洗污渍。对于顽固污渍,将土豆片浸上柠檬汁后擦洗污渍。

口红印 将口红印浸在白醋中。

血渍 将1:1的水和玉米粉混合后的糊涂在血渍上。

墨水渍 将墨水渍浸在白醋或牛奶中。

焦痕 将焦痕浸在柠檬汁中,半小时后用温水洗净、晒干。

红酒渍 平铺沾有红酒渍的衣物,在污渍处撒上盐后,以距离污渍40厘米的高度小心用开水冲洗。

清洗白色衣物

依靠大自然 现代人总是会低估大自然的漂白能力,为什么不将发黄或是变暗的衣物放在阳光下晒几天呢?

传统的方法

小苏打 在洗衣水中加入半杯小苏打,注意水温必须在60℃以上。

柠檬 锅中装满水后加入几片柠檬,煮开。取下锅,将衣物浸泡在水中漂白半小时后正常清洗。

洗衣蓝 最后一次清洗时,使用青色或深蓝色颜料(玻璃粉及钴)制成的洗衣蓝,再最后冲洗。它能通过遮盖黄色而达到漂白衣物的视觉效果。

洗涤和熨烫

绿色漂白

阳光漂白织物 漂白衣物的一个传统方法是将衣物放在阳光照射下的草地上或树篱上。

浆洗

将淀粉用于衣物和亚麻布上 你可以购买商业淀粉喷雾,但自己制作的植物淀粉更安全、便宜。淀粉可用于洗涤衣物,也可在熨烫时喷洒淀粉。

制作土豆淀粉

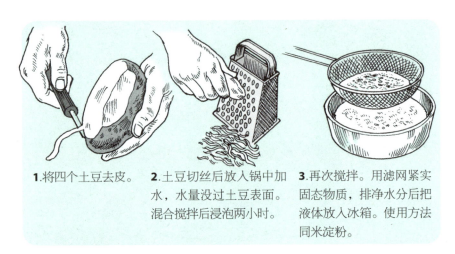

1. 将四个土豆去皮。
2. 土豆切丝后放入锅中加水,水量没过土豆表面。混合搅拌后浸泡两小时。
3. 再次搅拌。用滤网紧实固态物质,排净水分后把液体放入冰箱。使用方法同米淀粉。

制作米淀粉

放入半杯米和半升水,烹煮直到米柔软到能用手捣碎。捏紧米团,将挤下的米汤放入冰箱,时不时去摇晃几下。

用米淀粉浆洗衣物后将衣物浸泡在米汤中,挤干多余水分后挂起晾干。在衣物略微潮湿时熨烫。

衣褶边和花边

亚麻细布 几个世纪以来硬花边领及衬裙很流行,人们用植物淀粉让尚未干透的衣物边缘保持笔挺。

爱德华男士领

伊丽莎白男士袖口

19世纪50年代衬裙

清洗易损衣物

女式内衣和泳衣 将易损衣物，如蕾丝文胸、丝袜，与其他衣物分开后小心清洗。

内衣

柔和脱水 清洗时使用特殊文胸或内衣袋，保护易损衣物。在加了少量洗发水的温水或冷水中手洗真丝等特殊衣物。特殊衣物需卷在毛巾中晾干。

风干 不要将易损衣物放在干洗机中，这不但会损坏衣物，也会破坏衣物的弹性。

泳衣

检查商标 清洗前查看生产商使用说明。

第一次清洗 第一次穿泳衣前记住用冷水单独清洗。

护理 搓洗泳衣,洗去泳衣上影响颜色和弹性的氯或盐份。将纯肥皂屑浸泡在水中温和手洗。卷起毛巾后平放晾干。请勿挤压。

干燥 请勿用干洗机干燥泳衣,干洗机内的热量和搅动会缩短衣物的使用时间。在阴凉、阳光非直射处干燥衣物以避免其褪色。

羊毛织物的保养

温和护理 除了仔细清洗羊毛外衣、羊毛衫、围巾、帽子外,也要对它们进行保养。当喜欢的衣物变形或起球后,清洗时需尤为注意。

清洗羊毛外衣

1.在温水中溶解纯皂片:1/4杯皂片兑两升水。

2.在清水中温和搓揉衣物若干次。

3.使用蔬果脱水器脱去衣物表面的水分。

4.或选择将衣物放在干毛巾上,通过滚动去除多余水分。

洗涤和熨烫

5.在干毛巾或特殊网架等阴凉处平铺衣物后晾干。

羊毛外衣的三种去球处理

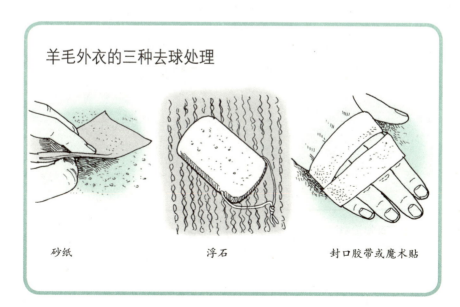

砂纸　　　　　　　浮石　　　　　　封口胶带或魔术贴

恢复变形的袖口

1. 在碗中倒入热水（不是沸水）。
2. 浸湿袖口，而不是将袖口放在热水中浸泡。
3. 重新整理袖口后用吹风机吹干。

重新让羊毛衣物定型

确定衣物形状 清洗前调整衣物形状，测量大小。清洗后将衣物放在铺有干毛巾的板上，拉伸到原始尺寸后用针固定、晾干。

折叠毛衣

1.将袖口折叠到衣物中间。

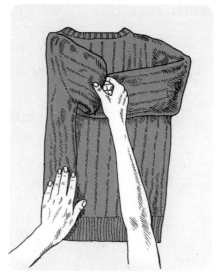

2.将一边折叠到与肩部水平。

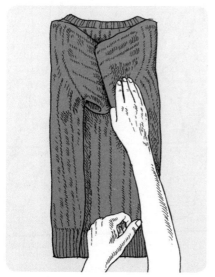

3.另一边也同样折叠。

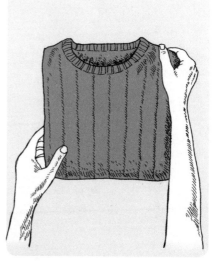

4.接着将衣物折成一半或1/3后翻个身。

室外晾干

挂出去 利用小小晾衣绳,以下悬挂衣物的方式能缩短晾晒时间。

在这条绳上

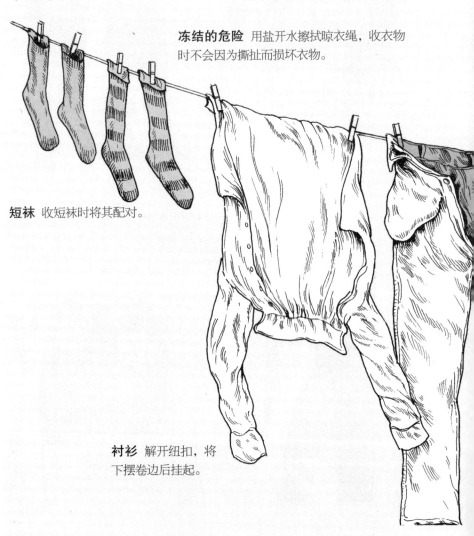

冻结的危险 用盐开水擦拭晾衣绳,收衣物时不会因为撕扯而损坏衣物。

短袜 收短袜时将其配对。

衬衫 解开纽扣,将下摆卷边后挂起。

洗涤和熨烫

T恤和牛仔裤 收T恤和牛仔裤后抚平表面，折叠后直接放在篮筐中不用再次熨烫。

针织上衣 为避免衣物上有衣夹印，将袖口从旧紧身衣中穿过。

T恤 将T恤的一个下摆卷边挂起，通风后能更快晾干。

牛仔裤和裤子 裤子翻面后能更快晾干裤袋。固定前将内部的裤腿缝拉直。

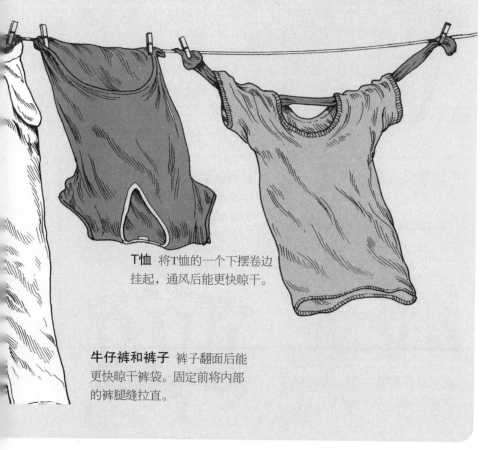

室内烘干

烘干机、晾衣架 生活在公寓中，尤其是在寒冷的环境里，你可能需要室内烘干，来避免家中看起来像个洗衣店。

高效的衣物烘干机

简单贴士

◎ 定期除去过滤网上有可能引起火灾的线头。
◎ 请勿在烘干机内放置过多衣物。
◎ 根据衣物需要干燥的时间将湿衣物分类。比如，将牛仔和棉T恤分开干燥。

干燥易损衣物

自制微型晾衣架 将小孔螺栓拧入木质衣架，然后用线把小夹子从一端依次固定到另一端。可以使用木钉固定制作的晾衣架。

充气塑料衣架 手洗衣物在充气塑料衣架上晒干得更快。

洗涤和熨烫

五种晾衣架

有可折卸扶手的晾衣架

晾衣橱架

可折叠架

可伸缩架

挂架（高度可调整）

熨烫

衣物熨烫 熨烫衣物、在阳光下晒干衣物是一种消遣方式。

熨烫技巧

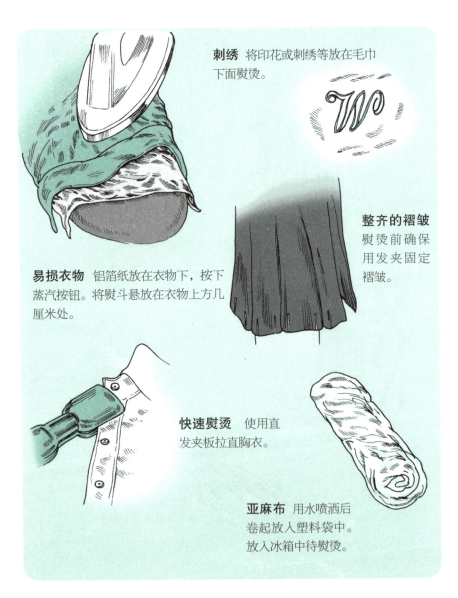

刺绣 将印花或刺绣等放在毛巾下面熨烫。

整齐的褶皱 熨烫前确保用发夹固定褶皱。

易损衣物 铝箔纸放在衣物下，按下蒸汽按钮。将熨斗悬放在衣物上方几厘米处。

快速熨烫 使用直发夹板拉直胸衣。

亚麻布 用水喷洒后卷起放入塑料袋中。放入冰箱中待熨烫。

熨烫衬衫

1.阅读衣物标签,选择合适的加热模式。

2.衣领两面都需熨烫。

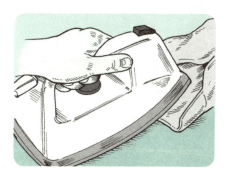

3.袖口两面都需熨烫。

4.袖子两面都需熨烫。

5.熨烫肩部和背部。

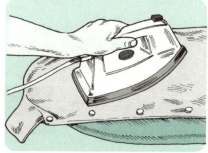

6.熨烫衣物正反面后挂起。

旧时熨烫工具

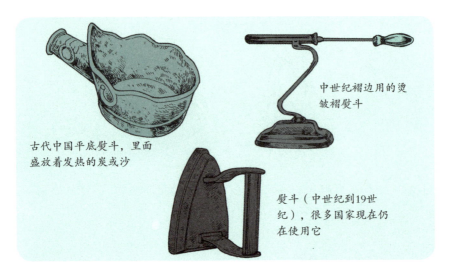

古代中国平底熨斗,里面盛放着发热的炭或沙

中世纪褶边用的烫皱褶熨斗

熨斗(中世纪到19世纪),很多国家现在仍在使用它

清洗熨斗

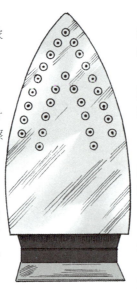

一般污渍 用浸有冷浓茶的布清洗后擦干净。

棕色污渍 用柠檬切片或是揉成一团的蜡纸擦洗污渍。

融化的合成纤维 加热熨斗,用木抹刀擦去固体物质。用浸有去甲油的棉签去除小块固体物质。

锈迹 用盐和蜜蜡的混合物擦洗锈迹。

融化的塑料 在铝箔表面撒上盐后熨烫。

脏的面板 用小苏打和水的糊擦洗。

清洁贮水器 倒入1/4杯白醋,将熨斗调到最高加热模式。用蒸汽模式熨烫直到贮水器没水。

节约空间的熨衣板

家庭干洗

无毒方式 请勿使用危险的干洗剂,如"四氯乙烯"这种已知的致癌物质。通过使用漂白土、糠、玉米粉、盐来清洗羊毛、皮革和其他裘皮服装,可节省开支。

让羊毛西装焕然一新

蒸汽清洗 刷去线头和发丝,悬挂在蒸汽浴室中。

用热糠和面粉清洁

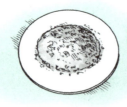

1. 将等量的糠和面粉混合,在烤箱中加热后清洗羊绒物品。

2. 把加热后、未燃烧的米糠和面粉的混合物撒在衣物上。

3. 将衣物卷在毛巾中,几天后倒出糠,用刷子刷干净。

裘皮和皮革衣物的护理

毛皮大衣　将适量糠放入烤箱中，加热后将糠轻轻涂抹在毛皮上。等待一两个小时，用软刷除去糠，挂起来通风。

皮夹克　涂抹白黏土和少量水的混合物。糊变干时，晃动夹克将所有的土抖落。

清洗羊绒裙

1. 盐　铺平羊绒裙，均匀撒上一层盐。用亚麻布将盐擦到腰、褶边处。挂起后彻底刷洗。

2. 漂白土　用这种土和水的混合物涂抹在衣物上，可去除油脂。在干燥后用硬刷刷洗。

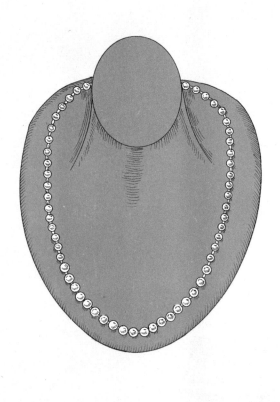

个人物品

这些实用的物品包含你的一些财物，它们在彰显你的个性，同时也能保护你不被风吹日晒。如果资金允许的话，购买那些质量上乘、工艺精湛的物品。

鞋子

外出 定期抛光鞋面,注意避免浸水,防止刮蹭。尽量定期更换所穿的鞋,让鞋子"休息"一段时间后再穿它,会使它更耐穿。

清洗妙招

除臭 将几滴抗菌薰衣草精油加入小苏打中,混合后装在旧袜子里,然后塞入有异味的运动鞋中过夜。

漆皮 用植物油清洗、擦亮漆皮鞋。

绒面革 用指甲锉去除小污渍。

定制鞋子

鞋夹 用于更新和装饰鞋子。购买现成的鞋夹或是使用空白鞋夹来自己动手加工,最好自制一双装饰型晚宴用鞋。

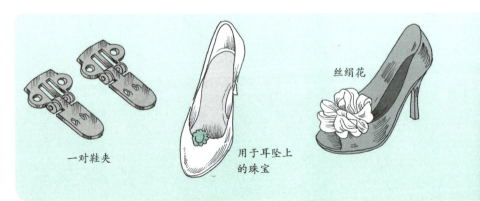

一对鞋夹　　用于耳坠上的珠宝　　丝绢花

鞋的保养

旅行保护 下次收拾行李时将皮鞋放入旧袜子内。

湿鞋 将报纸团塞在鞋里。

松散的鞋带 系鞋带时用唇膏轻涂鞋带以防止鞋带松开。

靴子支撑物 用空红酒瓶保持靴子不走形。

缎蝴蝶结

纽扣

羽毛饰物

包、帽子和手套

配件 人们对防晒的需求以及嘉年华的日渐流行,让帽子再度流行起来;而包和手套一直都很流行。

手套

测量你所用手套的尺寸 将卷尺绕在拳上(拇指除外),测量最长一根手指的长度。用较高的量度测量,将单位换算成英寸。例如,18厘米或是7英寸的,就是尺寸7的手套。最佳的手套大小要比手掌大半个码。

清洗手套 翻出手套内部,用清洗同类材质的方法进行清洗。晾干后,将木勺柄插入一个手指套中,竖放在罐子里。

用包窍门

旧皮革 用苏打和温水溶液清洗旧包。用温水擦拭,风干后涂上蜡油。

拉链不顺畅 将蜡烛沿拉链齿擦拭后,拉链会更容易拉合。

素色背包和布面提包 在冷水中以轻柔模式分开清洗,洗后风干(多色的背包颜色会掺混)。

扭曲变形的手提包 在包内塞满纸巾或是报纸,或更频繁地使用包。

帽子保养

贝雷帽 将大小相同的盘子放在贝雷帽里,以恢复贝雷帽的形状或是晾干贝雷帽。

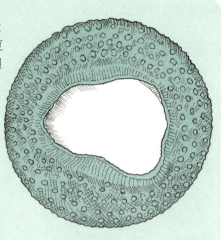

草帽 为使草帽上的草变硬,可将蛋清擦在草帽反面,待其干燥。

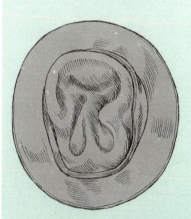

昂贵的帽子 用防蚀纸包起来后,存放在帽盒中。

弄皱的帽子 塞满揉皱的纸巾团。

围巾和领带

领饰 围巾不但有着多种用途，在不同的文化中，它也含有着宗教意义。而领带则是在17世纪，最初由克罗地亚雇佣兵佩戴的领结发展而来。

压缩储存

领带匣 将每条领带卷起后存放在匣里，以便看到图案。

围巾抗皱 将围巾缠绕在卷筒心上后用发夹固定。

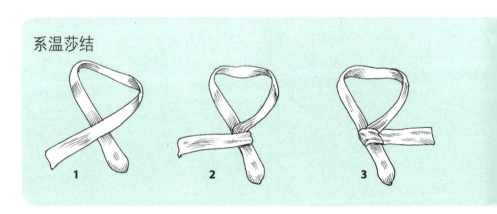

系温莎结

1　2　3

如何打切尔西结

1. 将围巾对折。

2. 套在脖子上。

3. 将围巾末端穿过围巾环。

4. 系紧领围巾。

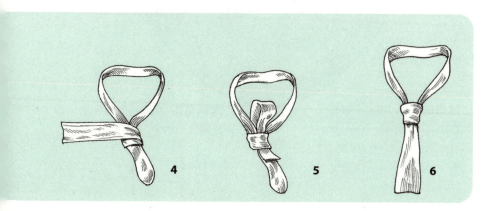

珠宝

个人装饰物 珠宝物品高度私密,也通常具有一定的情感价值。将珠宝首饰存放整齐,以方便佩戴时取用,也能保持珠宝首饰干净、状态良好。

护理与清洁妙招

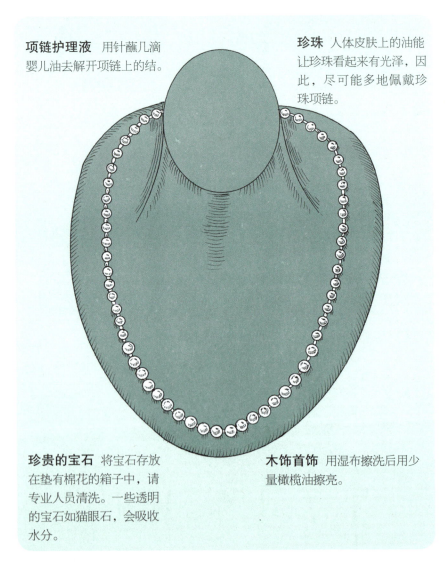

项链护理液 用针蘸几滴婴儿油去解开项链上的结。

珍珠 人体皮肤上的油能让珍珠看起来有光泽,因此,尽可能多地佩戴珍珠项链。

珍贵的宝石 将宝石存放在垫有棉花的箱子中,请专业人员清洗。一些透明的宝石如猫眼石,会吸收水分。

木饰首饰 用湿布擦洗后用少量橄榄油擦亮。

存放与展示

制冰盘 这是放置耳坠和戒指比较省钱的方法。

茶托 将珠宝放在不同形状的杯子和茶托上,再装入抽屉。可将耳坠挂在杯边。

打包

轻装上阵 黄金法则：将你认为需要的物品减半后包装。不管带多少行李，以下是保持途中衣物或饰品状况良好的方法。

屉式行李箱

迷你衣柜 在远洋航行的日子里，箱体可提供悬挂的空间，当做存放内衣、饰物的抽屉。某些类型的衣柜还设有隐秘的隔间。

整理行李箱

1.第一层，卷起的防皱物品，如T恤和牛仔裤。

2.卷起易损物品，如丝质衬衫和内衣，放在其他衣物内部。

3.将折叠的衣物如衬衫、外衣放在下一层中。

4.将定做的衣物，如短裤、夹克放平后折叠。

5.将小型物品，如书、皮带推入箱子边缘周围。

6.将小物品和短袜放在鞋子里，以保持鞋子的形状。

家装饰品

精工细做的装饰物能让你的家变得温暖、迷人。用颜色、鲜花、蜡烛、图画、照片和季节性装饰等来营造自己的风格空间。

修理石膏板

准备粉刷 在给房间粉刷前，检查墙壁和天花板有无需要修理的洞或裂痕。如果不能正确地清理准备粉刷的表面，涂料最终会裂开、剥落。

修补小洞

1. 切下一片比洞略大的石膏板将其放在洞里调好角度。

2. 在板上钻一个小洞，穿过一段细绳后，在反面的火柴杆上打结。在洞的背面边缘周围涂抹一些石膏填充物。

3. 将石膏板放在洞里，当石膏固定时拉紧细绳。一点点地涂抹填充物。

用石膏填补裂缝

1. 使用刮漆器铲开一个小于2毫米宽的裂缝。

2. 用漆刷刷去尘土和碎片。

3. 在用石膏打底的填充物填补裂缝后，用砂纸磨平。

填补大裂口

1. 取出损坏部分,用斯坦利刀切割洞口周围,形成一个干净的圆形或是长方形的洞。

2. 将一小片木头放在墙体背面,用螺钉将它与墙体相固定。

3. 切下一片石膏板填补洞口,将其推入墙体中。

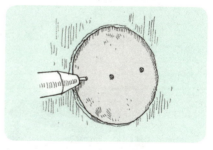

4. 用两三颗石膏板螺丝在木质支架上固定石膏板片,螺丝应穿入墙体表面。

5. 一层层涂上石膏填充物。最后一层填充物应略微在墙面上隆起。

6. 用砂纸磨光后准备粉刷。

粉刷

基本工具箱 通常业余的装修者总想在一个周末就让房间变得焕然一新,便迫不及待地在墙上用涂料乱涂一气。如果先将正确的工具收集好后再开始,整个过程会更高效。

准备工具

不同类型的漆铲适用不同的表面

热风枪,用以除去旧层涂料

砂纸

除漆剂

墙纸蒸汽机

防尘面具

安全眼镜

家装饰品

粉刷房间

焕然一新 用粉刷来使房间耳目一新是最省钱的装修方式之一。专业的处理方法是,对从天花板向下到壁脚线所有力所能及的位置进行有条理地粉刷。

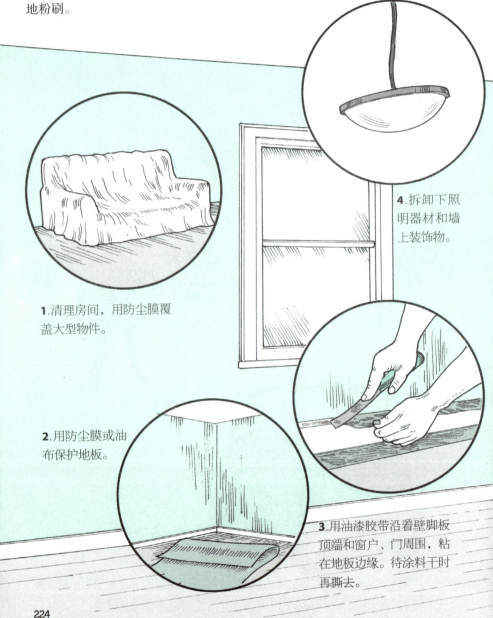

1. 清理房间,用防尘膜覆盖大型物件。

2. 用防尘膜或油布保护地板。

3. 用油漆胶带沿着壁脚板顶端和窗户、门周围,粘在地板边缘。待涂料干时再撕去。

4. 拆卸下照明器材和墙上装饰物。

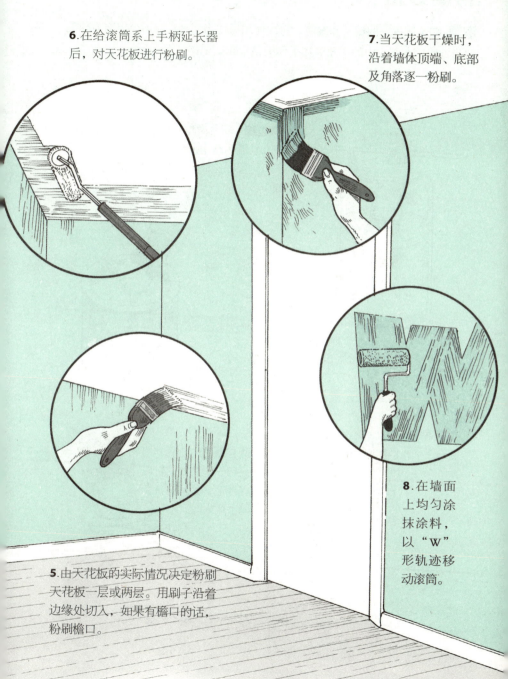

粉刷妙招

清理 购买质量好的刷子和滚筒,每次使用后适当清理,你不会想因为硬毛刷或是残留在刷毛中的干漆破坏了你的整个粉刷工作。

清理边缘 将厚橡胶带横置在罐口,如图所示。在从罐中取出油漆前,借助胶带掩过刷毛部分边缘。完成后撕去胶带,以防残留物不便于合上盖子。

间歇 在握柄上穿孔后将细棍插入洞口。用于粉刷间歇时,将待用的刷子放在盛水或溶液的罐子上。

整理刷子 通过刷几次砂纸,去除新刷子上松散的刷毛。

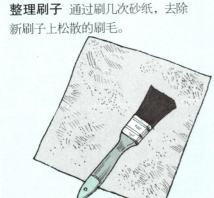

截住漏滴 在塑料盖上切一道裂缝,让其更合适、紧贴在油漆刷手柄周围。

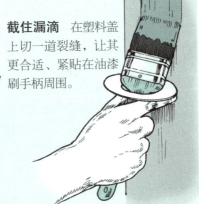

家装饰品

油漆混合器 使用旧的打蛋器而不是木棒混合一罐油漆。

清洁储存 将油漆滚筒或是油漆刷放在塑料袋或是塑料包装中。

色卡 将少量油漆颜料涂在油漆罐盖子上。即便一年后,你也会很容易辨别它们的颜色。

无皮油漆 将一罐油漆倒置后放在塑料纸上,以防止油漆形成漆皮。但首先要确保油漆盖严实。

牛奶漆

无毒漆 尽管牛奶漆的保质期仅为几天,但它是纯天然的。它有着柔和的效果和白色的成品表面,可用于修理旧家具。可购买或是自己动手做牛奶漆。

制作牛奶漆

1.将一个柠檬榨成汁与一升脱脂牛奶在大碗中混合,在室温下保存一个晚上。

2.通过铺有棉布的过滤网过滤凝结物,去掉凝乳。

3.加入4勺有色颜料或用绘画用的水性颜料得到你想要的颜色。每次增加少量。

定制原木家具

旧时尚 在原木家具、木制造型及新把手上涂牛奶漆。

1.除去原把手和其他硬件，用砂纸磨平后，用湿布擦干净，串上你喜欢的木珠或是造型。

2.调和牛奶漆（见P228）后用刷子轻刷。用砂纸轻擦，待其风干24小时后，再涂上第二层牛奶漆。

3.用砂纸轻磨，或反复轻磨某些区域以达到做旧的效果。

4.涂上聚氨酯等材料；在抽屉上固定新把手。

节约空间妙招

聪明的存储 居住在公寓中，会让家具的选择、安放成为一个难题。考虑一下购买具有双层储物空间的家具，或是试着利用空柜橱及楼梯下面等空间。

楼梯下面

错列的柜橱是去上层卧铺的最佳选择

楼梯抽屉

学习区

可拉出的架子

关紧的门背后

家庭办公室 将壁橱变成家庭办公室或是学习空间,不使用时关上门。在小公寓或是房间里的柜橱很适合存放洗衣机和烘干机。

有效存储

值得一买 具有双重功能的家具虽价格昂贵,但它能扩大两倍于地面的可用空间。

书塔 将大约50本书放在不适于安置书柜的不规则空间。

多用途自行车架 将一个简单的凹口安置在墙上固定的桌子上,做成自行车架。

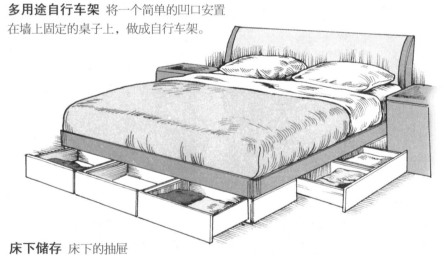

床下储存 床下的抽屉能放置衣服和寝具。

改变桌子的用途 咖啡桌转变为餐桌。

备用床 将软垫凳扩大成一张单人床。

储存隔间 有躺椅的沙发上包含有隐蔽的储存区。

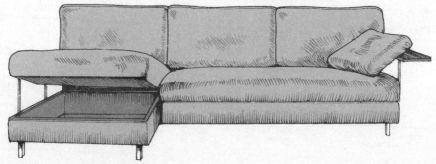

增加空间感

舒适的房间 小房间也能让人感觉不局促。保持房间整洁,利用一些室内设计使房间看起来比实际的更大。

简单贴士

◎ 将墙壁涂成淡色,选择浅颜色的地板或地毯。
◎ 使用背对着窗户的镜子来反光,如果可能的话,透过镜子还能看到窗外景色。
◎ 采用简单的方法装饰窗户,如威尼斯百叶窗或罗马百叶窗。
◎ 使低矮的天花板看起来更高一些的墙面壁架或修长柜橱。
◎ 尽量减少房间里的家具,太多小家具会使房间看起来杂乱无章。
◎ 选择多功能家具,例如将书房、客房通用,选择底部有储存抽屉的长沙发椅。

家装饰品

玄关

过渡空间 杂物间或玄关是洗衣房的一部分，连接着住宅的外部和室内。晾衣帽柜、挂衣钩和其他类型的橱柜安放整齐。

杂物间

个人负责 为每位家庭成员指定若干柜子，希望他们做好自己柜子的保洁工作。

最上层架子可存放帽子和要还的图书馆书籍

衣帽柜用于晾干和存放夹克衫、背包

钢丝篮用于晾干湿鞋

脱鞋时可用来坐的凳子

容易护理的防滑地板

实用添加设施

随手存放处 保持玄关的整齐,鼓励孩子进门后将东西放好而不是乱扔在房间里。

运动品架 用于存放雨伞、球拍、球和其他运动器材。

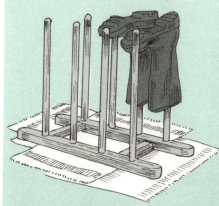

靴架 将靴架放在旧毛巾上,旧毛巾可用来吸水。

干燥橱 可以购买干燥箱用于加热、烘干湿衣物和滑雪装备,或是购买易于通风类型的柜子

留言板

主人的工作 有时大量的文书工作,如要付的账单、明信片、预约卡及学校通知单,看起来会让人不知所措,但你可以妥善地安置好它们。

自制

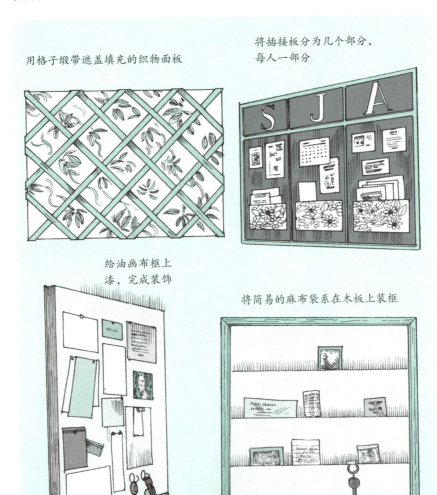

用格子缎带遮盖填充的织物面板

将插接板分为几个部分,每人一部分

给油画布框上漆,完成装饰

将简易的麻布袋系在木板上装框

回收的框架 取出旧镜子的玻璃和衬背,在框架后换上细铁丝网或是几排固定的小挂钩,做成装饰性的留言板。这是陈列旧明信片的好方法。

花与叶

来自花园 尝试用容器而不是花瓶放置茂盛的枝叶,如洋玉兰及芙莲属植物、小树枝及果实,将会有意想不到的雕塑效果。

花匠的基础工具

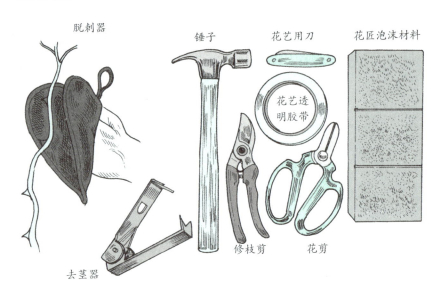

剪花

保持花卉新鲜 清晨剪花后立即将花插在水中。在水中加入花蜜或糖,隔几天换一次水。

1. 剪去叶片下部的茎干以避免其在水中腐烂。

2. 以45°角修剪茎干。

3. 用蜡烛火焰烧每根花茎。

实用支架

花匠泡沫材料的替代品 将茎干固定后，放在容器（左图）以胶带粘成的十字型网上（不一定要是一个花瓶），或是将长茎干插在装饰性弹珠中（中图），贝壳或鹅卵石中。（右图）

方格外的构想

餐桌中央摆设 将几个小型肉质植物放在小盆中做成不同寻常的中央摆设（左下图）。将一些小麦草种在正方形盒子里（左上图）。或是将微型泪珠玻璃罩系于春天的枝干上后，装满花蕾和小花朵（右上图）。

花茶聚会

漂亮的瓷器　在茶壶、水杯和蛋杯中装满美丽的花,以创造出一个主题。

整齐的轮廓

线性排列　将马蹄莲和整齐的带状叶以插花的形式摆放在一起。

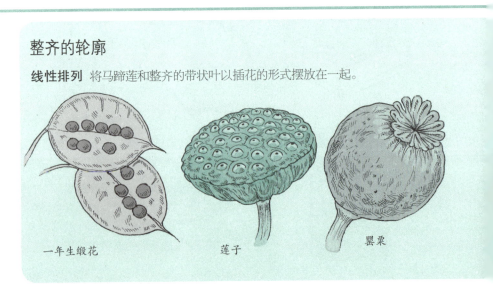

一年生缎花　　　莲子　　　罂粟

种子植物和头状花序

建筑学效果 新鲜的或是干燥的种子植物和头状花序会增加一种奇妙的插花效果,要搭配有独特的风格,选用种子植物而不是花朵。

简单贴士

◎ **均衡**:保持花形的对称,由左边看像个球形,在搭配中平衡花朵的色调、类型。插花数量应为奇数,如3、5、7,保持整体搭配协调。

◎ **和谐、一致**:搭配的风格应与容器一致,保持颜色简洁、有互补性,例如蓝色和黄色,白色和绿色搭配会让人印象深刻。

◎ **比例和相称**:不要将小花束放在大花瓶里;每次搭配花型都应与容器比例相符。

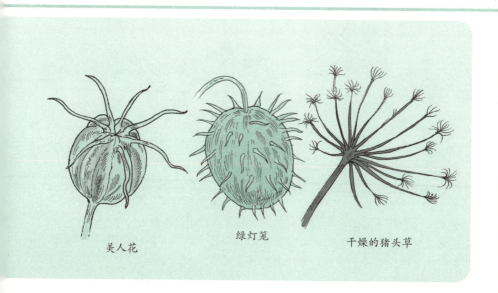

美人花　　　绿灯笼　　　干燥的猪头草

蜡烛

光圈 通常伴有芳香的柔和灯光能营造出一种平和、亲密的氛围,让人放松、沉思或是愉悦。

制作茶杯蜡烛

工具和材料 需要制作蜡烛的工具包括蜡、蜡烛芯、金属片,外加上茶杯、木签和剪刀。

1. 剪下一段蜡烛芯,长度与杯子相符,额外增加一定的蜡烛芯固定木签。
2. 将蜡烛芯的一端系在木签上,另一端固定在金属片上。
3. 将木签横放在杯子上方。(如上图所示)
4. 按照厂商指示将蜡融化后取适量倒入杯子里。
5. 将木签拉出后修剪蜡烛芯。使用不规则形状的杯子(有无茶托均可)效果尤佳。

用气球制作蜡烛

1.将气球注满水后打结,用线或铁丝固定在气球末端。根据生产商说明熔化蜡,冷却到65℃。

2.用绳固定气球后浸入蜡油中几秒后,缓慢拉出。冷却几分钟后再次将其浸在蜡油中,直到你对气球上的蜡油量满意为止——大约5毫米左右。

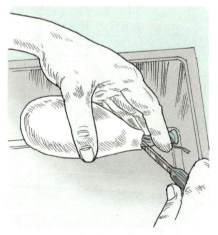

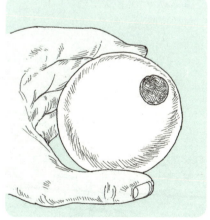

3.冷却后用利刀由顶部刺穿气球。倒出水后小心取出气球。

4.再次用利刀扩大洞口的大小,可以将祈祷蜡烛放在薄蜡烛壳里。

派对灯光

烘托氛围 蜡烛不但光亮柔和、闪烁,而且可以营造出一种浪漫、魔幻的氛围,非常适合派对。在举行夏天户外派对时,可将茶灯和花朵放在花园角落背风处的鸟儿戏水池中漂浮。

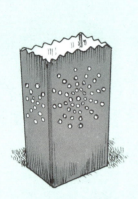

照亮道路 用装在纸袋中的蜡烛(左上图)、玻璃罐、花瓶(右上图)或是刺穿的锡罐为参加派对的客人引路或是帮助客人走台阶。

集体展示 使用多层蛋糕架展示不同高度的蜡烛。

基座光 在每个玻璃杯的沙床上放置一根祈祷蜡烛。

制作悬挂灯具

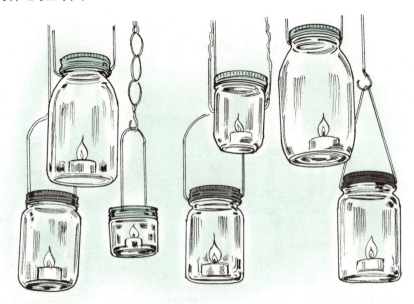

特殊场合 这是制作派对灯光较有效、省钱的方法。将蜡烛挂在藤架或是树枝上看起来非常棒。你需要几个不规则的罐子、茶灯、蜡烛残余部分以及尺寸合适的电线。刺穿盖子,使蜡烛能在有氧的情况下燃烧。

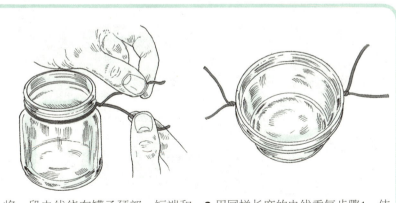

1.将一段电线绕在罐子颈部,短端和长端绕在一起。电线的长度取决于罐子所挂的位置。

2.用同样长度的电线重复步骤1,使用钳子来修剪短端后,将长端绕在一起做成把手。

艺术和摄影

保存和展示 利用以下简单的方法悬挂照片，建立一个家庭美术馆。考虑如何最大程度地利用孩子的艺术照和数码照片集。

悬挂布局

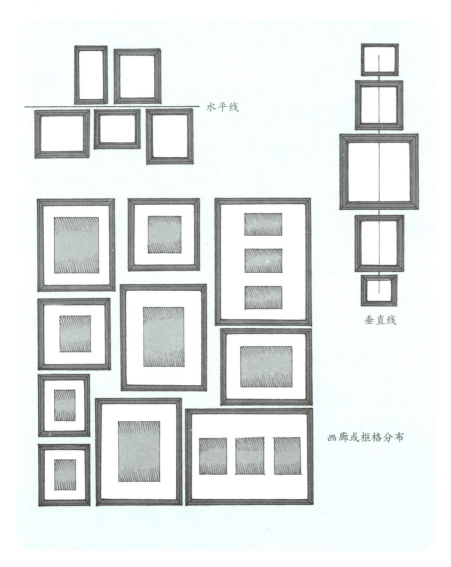

用简单的方式悬挂照片

简单的方法 使用模版纸技巧来完善排列,将图片钩准确地放在所需位置。

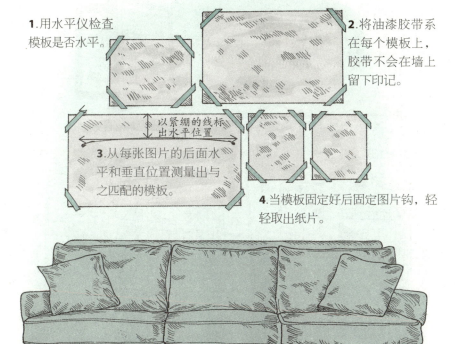

1. 用水平仪检查模板是否水平。
2. 将油漆胶带系在每个模板上,胶带不会在墙上留下印记。
3. 从每张图片的后面水平和垂直位置测量出与之匹配的模板。
4. 当模板固定好后固定图片钩,轻轻取出纸片。

简单贴士

◎ 通过使用同样类型的框架将不同的图片结合在一起。

◎ 在地板上组合图片,直到你满意为止,或是将纸板挂在墙上。设计一些方法来描述每块模板,能够帮你区分它们。

◎ 计算出钩子应该挂在哪里,在纸模板上测量和标注(如上图所示)。

孩子的艺术

创作冲动 如果你家的冰箱门太小,无法展示孩子的作品,以下有几种展示、保存孩子作品的方法。

垫子 扫描喜欢的图片,在软家具上使用数码打印。

工艺阁 使用一种工艺橱柜或阁来存放、展示50件作品。

书 制成书后能存放一辈子。在网上寻找能提供这项服务的公司。

剪贴板 使用一两块剪贴板,你可以定期更换展示的内容。

窗帘轨道 将墙转变成有窗帘轨道和夹子的艺术馆。在空白墙上你可以安装几排这样的窗帘轨道。

数码摄影

电脑 将照片存放在DVD上，制作幻灯片放映，与朋友和家人在照片分享网站上分享照片。

帆布专题 将特别喜欢的肖像或是图片印在油画布框中。

相簿 打印照片后存放在传统相簿中，或是制作成书（见P250）。

软件 在图片处理软件中尝试运用不同的效果和镜像处理。

圣诞装饰

节日快乐 手工制作的装饰品和特殊的活动都能增加圣诞节的快乐。用前门上的花环来欢迎客人,烤制一个姜饼屋,用圣诞日历哄孩子们开心。

制作姜饼房

制作模型 首先在硬纸板上写下制定主要部件的计划——墙和屋顶。使用最喜欢的姜饼配方。用滚筒碾开面团后根据计划切成若干片。用糖衣"胶水"将几个部件组合起来(见P253)。

标注：
- 杏仁蛋白软糖烟囱
- 糖衣瓦片和糖衣雪
- 姜饼墙
- 果冻花环
- 薄荷棒柱和门框
- 肉桂棒做成的木头堆
- 制作前门的巧克力板
- 棉花糖雪人
- 口香糖花
- 糖衣窗户

制作"糖衣胶水"

1. 在碗里打入3个鸡蛋,将蛋黄放在一边备用。

2. 加入1磅糖(约460克)糖和1勺加入蛋清的酒石。

3. 搅拌至混合物变硬。

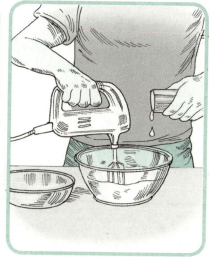

4. 凝固时,加入少量的水。

圣诞日历

圣诞乐事 在打开窗户、拉开小盒子后发现圣诞月25天中每一天都有小礼物时，孩子们总会高兴不已。与其购买商业日历，不如考虑自己动手制作。以下主意会帮你迈出第一步。

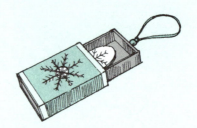

火柴盒 用装饰纸包装每一个盒子，将已编号的珠子穿在细绳上，打结后固定在抽屉里。在抽屉中放入喜欢的物品，关上抽屉后将其挂在树上。

迷你圣诞长筒袜 使用25只不同颜色、不同图案的婴儿袜或童袜。用迷你钉系上彩带。

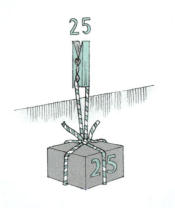

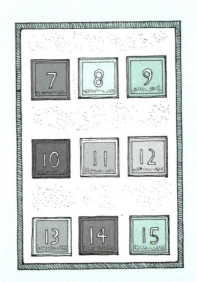

小包裹 礼物包装后用数字编号；悬挂在圣诞树上。

口袋 剪下诸如毡等坚固织物的部分，绣上数字后将小口袋缝在大衬垫里。将小礼物放在每个口袋中。

制作圣诞花环

季节性欢迎 几乎所有东西都可以做成花环:常青叶、织物、报纸、塑料袋等。以下是为前门制作传统花环的步骤。

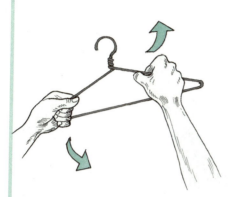

1.先将衣架拉伸成圆形或是你喜欢的形状。

2.以同一方向一层层地堆放叶子和浆果——顺时针或是逆时针堆放。

3.制作时确保叶子固定在花环的金属丝上。

4.将制作完成的花环挂在前门上。

复活节彩蛋

传统工艺 当孩子们用油漆、蜡笔、颜料、加热的蜡和橡皮筋制作用于装点复活节星期天桌子的漂亮的手绘彩蛋时,请注意监督。

用蜡进行彩绘

防蜡染色 用蜡在鸡蛋上绘画后浸泡在染料里。需要插入针头的铅笔、蜡烛、火柴、染料(见P257)以及煮得过熟的鸡蛋。

1.用浸过熔蜡的针在鸡蛋上画图。

2.蜡干后将鸡蛋浸入染料,然后晾干。

3.用钳子钳起鸡蛋后放在蜡烛焰上,待蜡油熔化后,将鸡蛋擦拭干净。

用叶子和花装饰

1.使用小漆刷将蛋清涂在叶子的一面。涂好后黏在干净的鸡蛋壳上。

2.将鸡蛋放入长筒袜里的某个部分,在两端打结后浸在染料中5分钟。

3.当你满意颜色时取下长筒袜,撕去叶片后将鸡蛋放在金属网架上晾干。

制作天然染料

◎ 在两杯水中加入两勺香料或是3.5杯果汁，煮沸5分钟。从加热器上取下，如有必要可过滤一下，在放入鸡蛋前加一勺醋。浸泡的时间越长，颜色越浓。

◎ 蓝色——蓝莓
◎ 黄色——姜黄
◎ 橙色——红辣椒
◎ 粉红——覆盆子

其他方法

橡皮筋 给鸡蛋上色，用橡皮带缠绕后放在另一种颜色中染色。

胶带 将胶带剪成简单的平面图案，染色前粘在鸡蛋上。

彩绘 用细毛笔、丙烯酸和油画颜料在鸡蛋上进行彩绘。

户外

设计合理、养护得当的花园让人赏心悦目。不管你是否在郊区有地或是有个小庭院，以下方式可以让你最大程度地利用户外空间。

户外娱乐

户外厨房 如果居住在温暖的环境中，一年中你有很多个月都可以在户外做饭、用餐。因此，花一点时间规划自己的休闲区域是很有必要的。

烧烤

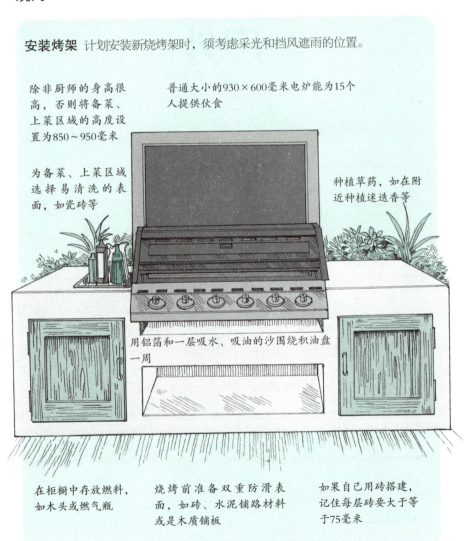

安装烤架 计划安装新烧烤架时，须考虑采光和挡风遮雨的位置。

除非厨师的身高很高，否则将备菜、上菜区域的高度设置为850～950毫米

普通大小的930×600毫米电炉能为15个人提供伙食

为备菜、上菜区域选择易清洗的表面，如瓷砖等

种植草药，如在附近种植迷迭香等

用铝箔和一层吸水、吸油的沙围绕积油盘一周

在柜橱中存放燃料，如木头或燃气瓶

烧烤前准备双重防滑表面，如砖、水泥铺路材料或是木质铺板

如果自己用砖搭建，记住每层砖要大于等于75毫米

清洗烤架

制定日常工作 外面沾有食物的烤架会引来害虫,故每次烧烤结束时,清洗盘子和烤架以便下次使用。用薄油层处理有防锈效果。

蒸汽清洗 在烤架仍然很烫时,可浸在水中撑住金属板,用钢丝刷用力刷洗。

金属盘 撒上盐后,待其冷却。用热肥皂水清洗。

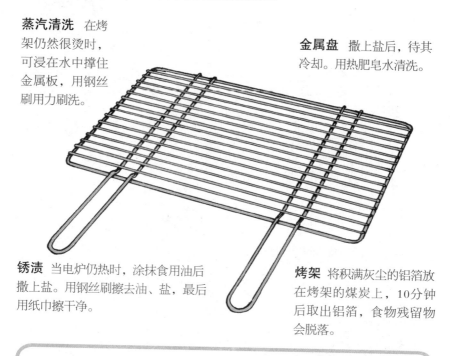

锈渍 当电炉仍热时,涂抹食用油后撒上盐。用钢丝刷擦去油、盐,最后用纸巾擦干净。

烤架 将积满灰尘的铝箔放在烤架的煤炭上,10分钟后取出铝箔,食物残留物会脱落。

搭建简易火坑

系在木桩上的细线

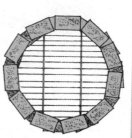

1. 使用说明书中所建议大小的烤盘,用细线标出坑的圆圈。

2. 将第二层叠放在第一层上,以同样的方式叠放其他几层。

3. 当高度满意时,放上烤架或是烤盘,再以另一层砖固定。

清洗户外家具

存放 家具存放时保持干燥、清洁，防止霉变。

帆布 用小苏打和水调和的糊处理发霉的污点。1小时后冲洗残留物。

铝 用温水和醋的溶液擦去尘土。

实木 冬天即将结束时，用水擦洗实木后晾干。用砂纸轻轻擦拭实木后，涂上4:1的亚麻籽油稀释松脂油。

藤条 用0.25杯盐水兑一勺洗涤碱的溶液擦洗藤条。晾干后涂上亚麻籽油。擦洗干净后，放在阴凉处晾干，接着涂上家具漆。

柳条 用吸尘器吸尘后用肥皂水擦洗，请勿将柳条浸泡在肥皂水中。不用时覆盖好表面。

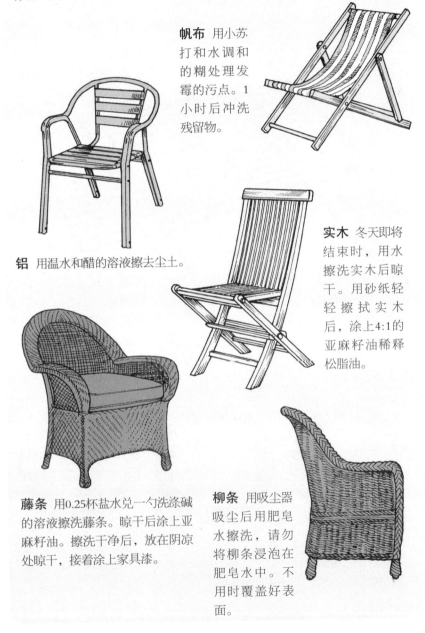

桌子空间

可移动空间 安放桌子时在桌子边缘和过道边缘至少预留出1米的距离。如果庭院较小，可考虑安装内置的长条座椅。

清洗硬质表面

格外整洁 保持铺砌面的干净，光滑的表面易让人跌倒。应定期清扫，遇到任何问题及时处理。

铺面缝隙间的杂草 倒入开水后杂草会在不影响其他植物的情况下发黄、干枯。

油脂污渍 在污渍上涂上1:1兑成的水和小苏打糊。干燥后擦去残留物。

青苔覆盖的铺面 用0.25杯盐水、5份水和1份醋兑成的溶液涂刷。待其干燥后即可除去青苔。

蚊虫防控

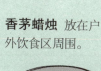

水景 在池塘里养鱼来吃蚊子，每周冲洗水池。

香茅蜡烛 放在户外饮食区周围。

宠物碗 每天进行清洗。

食肉植物 种植猪笼草或囊叶植物。

庭院栽种的小树

附加值 选择观赏叶、观赏花或是观赏果实类树种,并充分利用它们。

鸡爪枫 鸡爪枫能长到10米高,这取决于它的品种。一些品种的鸡爪枫在花盆中也能长得很好。鸡爪枫适宜亚热带种植。

沙果树 沙果树春季开花,果实可做成果酱和果冻。沙果树能适应温度,能长到4米高。

梅花 冬天,梅花在光秃秃的枝干上开放。梅花适宜各种温度种植,能长到4米高。

规整的庭院

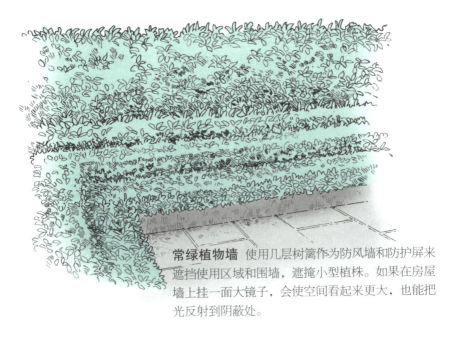

常绿植物墙 使用几层树篱作为防风墙和防护屏来遮挡使用区域和围墙,遮掩小型植株。如果在房屋墙上挂一面大镜子,会使空间看起来更大,也能把光反射到阴蔽处。

适合藤架的攀援植物

冬天的阳光 在藤架上种植落叶攀援植物。在天气凉爽时，攀援植物也能充分利用阳光。为什么不种些如葡萄等的水果类攀援植物呢？

腺梗蔷薇 白色单一的蔓生玫瑰，可长到5米高。

络石 这种紧密的常绿攀援植物在春天开小白花。

凌霄花 抗冻、耐寒攀援植物，在夏天开浅橙色的喇叭花。

紫藤 春天悬垂的淡紫色花朵从藤架上垂下。每年冬天彻底修剪藤架的背面。

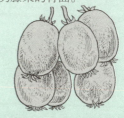

葡萄 夏天需要在葡萄藤上架网以防止鸟类偷食；在亚热带高湿度的环境中葡萄树易患上白粉病。

猕猴桃 猕猴桃为攀援植物，在夏末初秋时成熟。需要雌雄植株。

花盆中的园艺

容器 精心挑选植物并将其仔细栽种在花盆中,可以给入门处增加些造型感,使室外用餐区域更加私密,也为简单的庭院或是阳台平添乐趣。

种植技巧

根团比率 将植株种在容器中,确保容器比根团的直径大5厘米。

便于移动 将花盆放在有脚轮的花架上以便将大型花盆移动到有阳光处。

视觉吸引 使花盆的高度错开。使用基座或是将花盆反扣后相互支撑。

重复和统一 在赤陶土花盆中种植天竺葵,而不要任意选择其他材质的花盆。

种植标签 用锤子敲平旧勺,并以金属打印器刻上标签。

花盆形状 锥形高花盆会限制根系的生长,几年后需要换盆。

制作凝灰岩花盆

动手做石头 凝灰岩看起来像历经沧桑的石头（凝灰岩是一种火山岩），分量较轻、耐寒（-30℃）。你需要聚苯乙烯箱（或类似物）进行浇铸。将植物油、4份珍珠岩、4份泥煤苔和3份水混合后，加入足量的水，用双手制作混合物。

1. 混合原料。在模具上撒植物油能更容易地取出变干的凝灰岩。

2. 将凝灰岩按压成模具的形状。在其底部钉入几颗木钉，做成下水孔。

3. 用塑料袋将模具包裹48小时后，取出塑料袋和木钉，干燥2~3周。

"做旧"陶盆

酸奶 用刷子将酸奶涂在陶盆上后，在阴凉处放置1个月，会使陶盆的光泽看起来更柔和。

苔藓 将酪乳和地面生长的苔藓混合在一起，用泡沫刷涂上混合物。放在阴凉处直到你对效果满意为止。

木材着色剂 用刷子或毯子涂上着色剂，除去多余部分以获得你想要的效果。

孩子娱乐的空间

有创意的娱乐 孩子们喜欢隐秘的地点和接受体能的挑战。给他们提供一些简单的娱乐设施，如沙坑，或是利用植物和其他天然物品营建的娱乐空间，可激发他们的想象力。

制作嬉戏柳树隧道

隐匿地 划出隧道墙体，挖一个30厘米宽的浅隧道用于放置柳树枝。隧道长3.5米，每隔25厘米放置一根柳树枝，一共放置15根。柳枝的长度要能缠绕在一起，高度则要确保孩子在跑过隧道时不至于屈身弯腰。

1. 将柳枝干埋入15厘米深处，转动后让它们自然朝彼此生长，形成拱状。

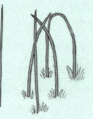

2. 将拱形两端缠绕在一起后，用尼龙带扎紧。

3. 为进一步加固，可多种一些柳枝，让它们穿过原来的结构沿对角线生长。用尼龙带固定。

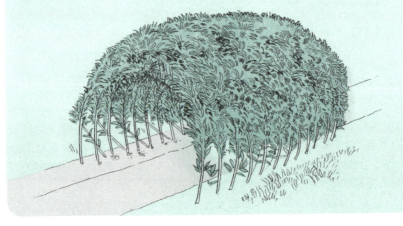

大自然的游戏组合

简单的想法 以不同的高度交错放置垫脚石或圆木（如左下图）；种植如榆树或是桑树等容易攀爬的植物，或是在豌豆架（右下图）上种红花菜豆；将向日葵、甜玉米等较高的作物种成一圈来创建隐秘的空间（最下图）。

豌豆架

用于脚踩的圆木

向日葵圈

浅水池

嬉水 将浅水池安置在阴凉处,要时刻留意玩耍中的孩子。可在4升水中加入0.25杯小苏打溶液来清洗它。

沙坑

- 下面有储存空间的突出座位
- 在不使用时覆盖住沙,以阻挡宠物
- 细沙
- 高600毫米
- 土工织物连接处
- 处理过的松木盒
- 放在早晨和下午晒得到阳光的地方

自制工程 使用正确的工具很容易制作沙坑。切记以上所列的原则。

制作轮胎秋千

再利用的娱乐设施 如果花园中或是自然草坪上有牢固的树,可悬挂旧轮胎做成秋千。

1. 首先清洗轮胎,在底部凿3个排水孔。

2. 将绳子穿过橡胶管以避免磨损。

3. 将绳子绑在3~4米高的牢固树干上。保持橡胶管处于枝干中间的位置。

4. 用平结将绳子固定在枝干上(平结的打法如下)。

5. 悬挂轮胎时洞口朝向底部,用另一个平结固定。

6. 在秋千下的地面上放置厚的有机覆盖层,可在跌落时起到缓冲作用。

打个平结

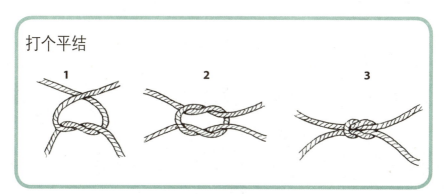

庭院水景

生命力 不管是静止的水还是移动的水，都能给花园带来宁静的氛围，吸引鸟类及其他野生动物，同时也能映衬天空，使小庭院看起来比实际的要大。

袖珍池塘

洗衣盆　　　　　　半个酒桶　　　　　　石盆

水盆 如果花园太小无法安装掩埋式的水池，可考虑采用这些方法。在干燥、清洁的容器表面上涂3层防水膜以防水。

建造不拘一格的池塘

衬垫 挖坑后计算所需池塘衬垫的量。宽、长各增加2倍深度之后再各增加1米。例如，如果池塘宽3米，长4米，深1米，你需要：宽（3+2+1）×长（4+2+1）=42平方米。

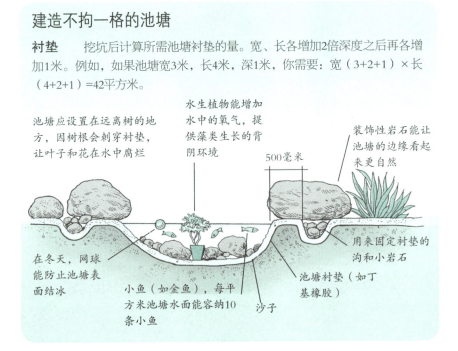

游泳池

奢侈的设施 在后院安装游泳池或水潭之前,应考虑地点、植物、安全问题以及将来持续的保养费用。

室外淋浴 你可以购买能连接太阳能加热器和室外水龙头的配套设施。

儿童安全栅栏 在很多地方都需要安装儿童安全栅栏。

安装镀锌或不锈钢的玻璃安全栅栏。

可在含盐或含氯的土地中生长的植物有棕榈树、肉质植物及朱蕉等

安装耐腐蚀的防滑铺道或是木质铺板

屏风

多种特点 多数花园都有一块不美观的区域——生活区、边篱,甚至是邻居的厨房窗户,这些地方都需要屏风。那就种植树篱或是自己动手制作一个屏风吧。

格子隔板

装饰图案 你可以将金属线格子装在墙上,或是制作一个独立在告示牌之间的格子屏风,用于培养攀爬植物或是树墙果树(见P141)。

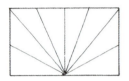
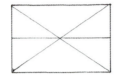
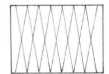

固定金属丝

1. 使用木头或是砌石墙上的墙眼。在砌石墙上安装墙眼的话,首先要将墙眼插入墙内。

2. 或者使用能在钻孔中扩大的环首螺钉。

3. 使用螺丝扣拧紧金属丝。

怎样系竹竿

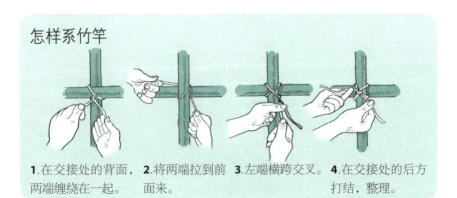

1. 在交接处的背面,两端缠绕在一起。
2. 将两端拉到前面来。
3. 左端横跨交叉。
4. 在交接处的后方打结,整理。

制作竹质格子隔板

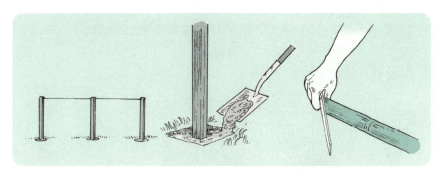

1.挖掘桩洞,放入桩子并设水平(见P279)。

2.用水泥填满洞口(见P279)。

3.以45°角削切横木。

4.在横木上穿孔。

5.将横木用螺丝固定在桩子的两端。

6.削切杆子后,交替固定。

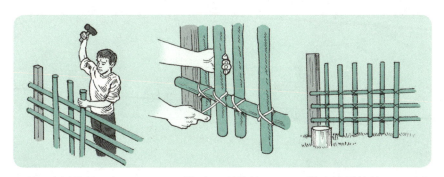

7.利用木槌将杆子打入地下。

8.系好每一处接缝(见P274)。

9.做防护层的处理,以完成格架。

花园小屋

便利工具 将工具塞入遮蔽板或是旧花园棚架上是一种很好的储存方式。不要将其暴晒在室外,否则木质把手会裂开,金属部件也会生锈。

花园设备

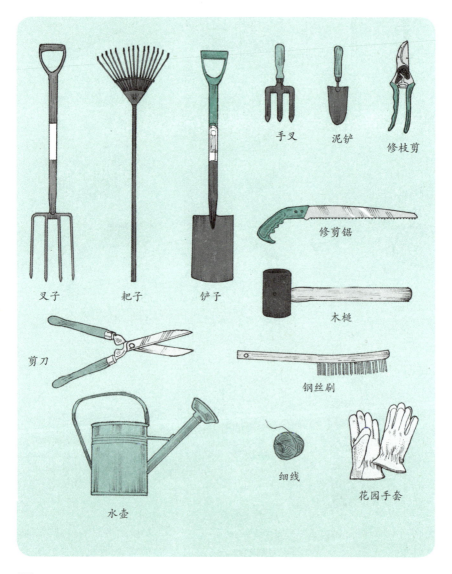

工具护理

水桶 在一桶沙中倒入足量的植物油以混合。在水桶中存放手工用具：沙子能去除残留的肥料，植物油能避免工具生锈。

辨认工具 将工具的把手漆成明亮的颜色，具有棕色、绿色把手的工具在花园里很容易丢失。

钉子和钩子 在围栏上的钉子或钩子处悬挂大型工具。

磨快工具

变得锋利 修剪植物或是树木时，必须要有锋利的工具。

磨刀石 拆开修枝剪，将每一面刀片以20°角在油石上打磨锋利。

砂纸 将砂纸折成一半，有颗粒的一面朝外。在砂纸上切几刀。

车蜡 为防止修枝剪黏连，在铰链处涂抹一些车蜡。

花园任务

实用技巧 即使在小花园里,若知道如何处理庭院中的泥泞角落、修剪树篱、修理栅栏,甚至是铺路,也会让工作方便、容易起来。

排水问题

处理办法 如果花园的某个区域总是潮湿、泥泞,有以下几种处理方法:你可以建造一个池塘(见P272),种植喜泥植物,建造高位栽培床,安装农用排水系统或是挖凿渗水坑。

农用排水

1. 挖一条与铁铲同宽的沟渠,用足够多的隔泥纺织物料铺设后包裹管道并回填。
2. 放置一段农用穿孔或未穿孔的管道。
3. 用碎砾石填充,将塑料铺在上端以防止泥沙堵塞排水道。最后覆盖一块草皮或表层土。

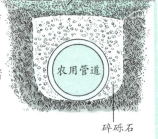

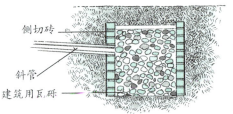

排水坑 将排水管道连接到流入装满建筑用瓦砾坑的主要管道处。最上层的15厘米必须是沙和花园土壤。

设置

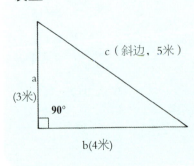

毕达哥拉斯定理 使用3:4:5的定理来帮助你确认是否是直角。

1. 将两根细绳拉成直角,一条长4米,一条长3米。b线是主线,即升高的花圃的后侧墙。
2. 测量两个点之间的距离,如果角落成正方形,斜边长应为5米。
3. 如果斜边不是5米,则调整a或是3米边线的位置。

挖掘杆洞

基本技巧 挖掘花园周围的杆洞需要大量的工作,例如安装信箱、围墙、藤架和其他花园装饰物等。首先,须设置好每个杆口的位置(见P278"设置")。

1.使用杆洞铁铲为每一个杆子挖洞。将洞口做成杆子的两倍宽,深度足以塞进杆子的1/3。

2.将杆子插在塞有一些建筑碎石的洞底部。将杆子竖直支撑,如图所示。将快速凝固水泥倒入洞中。

3.利用水平仪测定杆子是否垂直,如有必要,可进行适当的调整。

4.往洞里加水,待其凝固。变干时,撤掉支架。

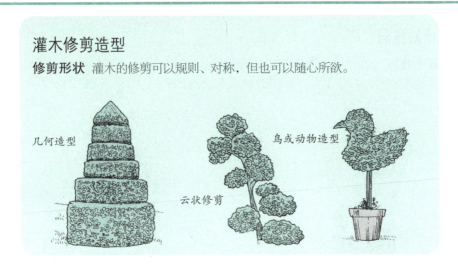

灌木修剪造型

修剪形状 灌木的修剪可以规则、对称,但也可以随心所欲。

几何造型　云状修剪　鸟或动物造型

修理树篱

实用技巧 由底部开始,修剪下来的枝叶可以完全脱离树篱。如果不及时清理,会导致疾病。让光可以照到每个部位,修剪树篱使其底部比顶端宽。

果园梯
如果实物树篱很高,可考虑购买果园梯。

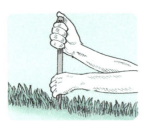

1. 将竹条推入树篱中用以标识顶部边缘。
2. 在竹条间系上拉紧的细线。

3. 佩戴安全镜和手套,以水平修剪的方式使用树篱修剪器。
4. 从底部开始,逐步将宽度减小,修剪边缘。

路面砖

砖的边缘 用串线划出边缘。凿300毫米、宽150毫米深的沟渠。密封基底。将灰泥涂在基底以及每一块砖的边缘。用灰泥涂抹缝隙,再用海绵擦去多余的泥迹。

铺设方式 在铺设花园小径或是铺设娱乐场所之前,选择适合你家花园和房屋建筑风格的类型。例如,顺砖式砌合的再利用砖较为适合老式房屋,对缝砌法则突出了时尚的现代风格。

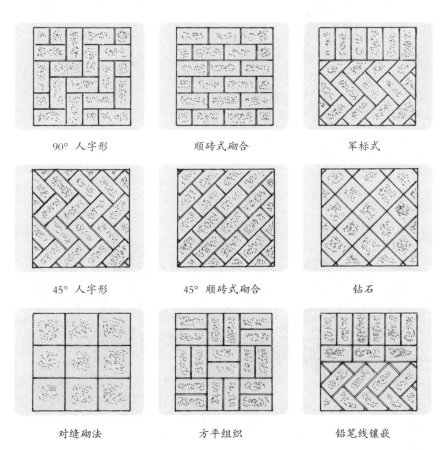

90°人字形　　　顺砖式砌合　　　军标式

45°人字形　　　45°顺砖式砌合　　　钻石

对缝砌法　　　方平组织　　　铅笔线镶嵌

环保的虫害控制法

传统技巧 不施加化学剂的花园相对比较容易管理，即使不使用有毒化学试剂治理虫害，害虫也会被天然的捕食者如黄蜂、鸟类吃掉。

天然溶液

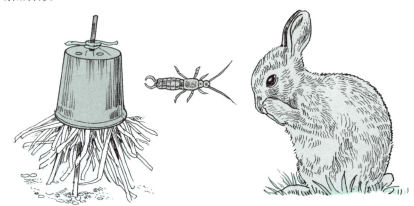

地蜈蚣 这些害虫喜欢躲藏在阴暗处。用报纸或稻草塞满花盆，倒置后用棍子支起。每天查看花盆，用水淹死发现的地蜈蚣。

兔子 在蔬菜地周围挖一个30厘米的沟渠。用长6.5毫米镀锌的金属网圈起，然后安装1米高的丝网护栏。

粉虱 使用黄色胶带监控粉虱的数量并进行捕获。

蚜虫 在比顿夫人的时代，园丁们用带有刷子的剪式工具，而不是刀片去除小绿虫。

蜗牛和鼻涕虫

陷阱和诱饵 小型害虫容易捕获,但你仍需要警惕,尤其是种植如君子兰等带状植物,因为带状植物给害虫提供了藏身之所。

啤酒诱饵 在容器中装一些啤酒后放在花园里。

鸭子 在大多数地方,鸭子可以自由饲养,你可以考虑购买一些进行养殖。

靴子踩踏 在晚上或是雨天穿靴子在花园周围走动,然后在你发现的害虫上踩脚。

花盆 将花盆倒置后用小岩石支撑以便蜗牛将其当做休息处爬入。每天早上检查情况。

一段管道 将管子藏在一些植物中,每天查看。去除你发现的蜗牛和鼻涕虫。

铜带 当与金属带接触时,蜗牛黏液将会产生电荷。

葡萄柚 用半个葡萄柚进行诱捕。

家庭自制杀虫剂

安全的威慑物 使用以下喷雾击退害虫。将0.25杯液态皂和0.25升植物油混合成喷雾,将喷雾放在阴凉处有标签的容器中,稀释过后用于喷洒植物:1勺喷雾兑1升水。将喷雾放在孩子够不到的地方。当天气炎热时,请勿喷洒,以防止喷雾烧毁叶片。

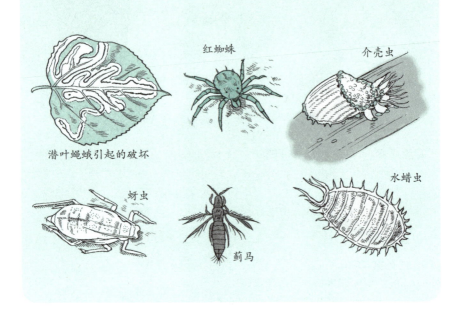

益虫

大自然的平衡 学会辨识有益的昆虫,让它们捕食害虫。

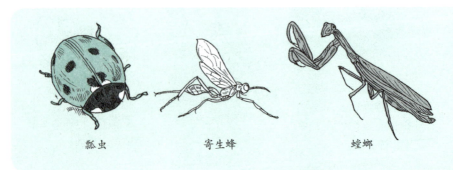

用手摘除

时刻保持警惕 有时最简单的方法最有效:每天逛一逛花园,如果可以的话,动手去除蜗牛、鼻涕虫(见P283)和以下其他害虫。

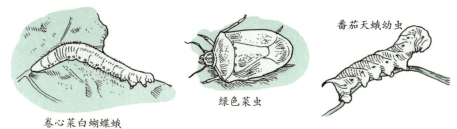

卷心菜白蝴蝶蛾　　　　绿色菜虫　　　　番茄天蛾幼虫

制作果蝇捕捉器

1. 制作一个纸质漏斗,用胶带固定。
2. 在干净的罐子中放入香蕉皮。
3. 将漏斗插入罐子里,果蝇可以飞进去但飞不出来。

记住,如果在花园中使用化学药剂的话,你也会杀死这些益虫。

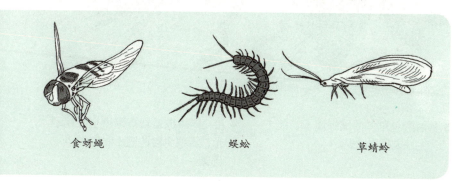

食蚜蝇　　　　蜈蚣　　　　草蜻蛉

吸引野生动物

天然助手 另一种控虫的方法是吸引青蛙、鸟类、蜥蜴等野生动植物到你的花园中去。你也需要吸引那些授粉者,如蜜蜂、蝴蝶等帮助你的植物授粉。

8种实用策略

1. 种植快速生长的一年生植物,如甜菜(庭荠),它们能引来益虫。开白花的植物能吸引晚间飞行的昆虫。

2. 增加供鸟玩水的水盆以吸引捕食害虫的鸟类。通过种植当地植物将本地的鸟吸引到花园中来。

3. 种植醉鱼草属的蝴蝶灌木,能为你的花园吸引蝴蝶。

4. 在花园里放置岩石以供小蜥蜴晒阳光,放些中空的圆木和管道供它们藏身。

户外

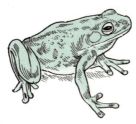
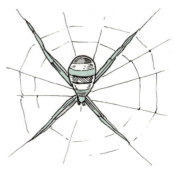

5. 考虑在花园中增加池塘（见P272）来吸引青蛙。确保池塘边有木头或是岩石。

6. 不要清理蜘蛛，它们能捕食大量的苍蝇、蚊子等害虫。

7. 蜜蜂对花园种植的农作物授粉至关重要。可种植薰衣草和其他紫色、淡紫色的花卉。

8. 红色、粉色（如上图的山茶花）以及橙色的花（杜鹃花）会吸引吸蜜的鸟类。

制作鸟食

1. 将230克板油、260克花生酱、320克燕麦片以及180克燕麦混合后捏成团状。

2. 放在冰箱中冷却。用网袋包裹后用环形细绳绑好。

3. 挂在昆虫接触不到的枝干上。

287

混合栽培

古老的做法 这种方法基于几世纪以来农民和园丁们的发现。他们总结出一些植物混种在一起会生长得更好,而某些植物分开种,生长得更好。

益处

诱杀性植物 聪明的人会将卷心菜白蝴蝶引诱到远离芸苔属植物。在毛虫变成蝴蝶产卵前除去。

固氮类植物 通过种植豌豆类植物,为土壤固氮。这些有益的植物包括西兰花、卷心菜和萝卜。

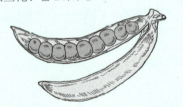

植株屏障 用散发香精油的植物保护蔬菜庄稼。芳香草包括韭菜(如上图)、薰衣草和迷迭香,能让昆虫晕头转向。

护养秧苗 农民一般在果树下种植覆盆子灌木,因为果树能为其提供遮光区域。

有益植株 例如苜蓿能分解板结的土壤,使下层土重新具有营养。

户外

甜玉米

豌豆

南瓜

蔬菜三姐妹 传统的美国人以前都将甜玉米、攀援的豌豆和南瓜种在一起。玉米能支撑豌豆,豌豆能将氮回归到土壤中,南瓜能在地面上蔓延抑制杂草的生长。瓜藤上的刺能威慑害虫,豌豆和玉米也能迷惑南瓜藤上的蛙虫。

杂草

多余的植物 在不能容忍任何杂草时想想杂草的好处：有些杂草可以食用，而有些能做成免费的液态肥料。

可食用草类

色拉生菜 首先确保你能正确识别花园中哪些草可以食用，然后再选择你自己喜欢的。

马齿苋 多汁的马齿苋新芽爽脆。

荨麻 将嫩的荨麻芽放入烹煮的菜里面。不要吃生荨麻，荨麻上中空的刺含有某种化学成分，一旦接触会有刺痛感。

白花藜 也叫野生叶，可用于烹煮。作为罗勒的代替品，白花藜可放在香蒜沙司中。

繁缕 可以放在沙拉中生吃，也可以作为蔬菜进行烹煮。

蒲公英 蒲公英嫩叶可以生吃，也可以油炒降低其苦味。

普通苋属植物 苋属植物的叶片切细后可用于印度菜中。

除草

窒息策略 用黑色塑料遮盖长满杂草的花床,杂草会枯死。

鸡 鸡会吃酢浆草或是繁缕(见P290)等杂草,从而达到除草的效果。

覆盖物 用有机覆盖物如甘蔗草或堆肥遏制草的生长。

开花的杂草 在杂草如酢浆草,开花结子前除去它。

除草工具 使用类似平叉的特殊工具,去除蒲公英等植物的主根。

作为肥料

堆肥 将杂草堆放在旧垃圾桶中,注水。盖上盖子后任其分解6个星期。滤去杂草,使用稀释的液体作为液态肥料。

培植

免费植物 通过采用合适的繁育方式可以较容易地培植出你喜欢的植物。如果成功,你可以将其与邻居或是朋友们分享。

软木插枝

1. 将自流排水堆肥填满培植盘里,压实。剪去茎尖。

2. 将茎修剪到叶节以下,去除结点以下的叶子。

3. 将茎浸在蜂蜜或生根粉后,插入堆肥中,让最下面的叶片刚好露出表面,然后浇水。

硬木插枝

1. 如果有大量插枝,准备一条铺有堆肥的沟渠,用花园叉进行穿孔。

2. 在秋天和冬天,从健康的落叶灌木及树上剪下插枝,将其修剪成25厘米的长度。

3. 将每根插枝插入准备好的洞中,直到只有1/3的插枝露出地面。

压条法

1. 选择生长的尖端，将其弯曲到与土壤齐平后做标记。
2. 在植株附近的一边以倾斜45°角挖一个小洞。
3. 在茎上弄一个伤口后将其种在洞里。用木栓固定后用土壤覆盖。

切根法

1. 挖出根部彻底清洗。将根切成长5～8厘米的几部分。
2. 在顶端处削平，在底部斜切。
3. 将每个部分插入盆栽培土中，直到与表面水平。用砂砾覆盖。

切叶法

1. 将叶子的右端朝下，用利刀修剪掉中脉。
2. 如果叶片部分很长，将其切成几个小部分。
3. 在培土中插入每片叶子，切口朝下。压实后浇水，放在温暖的地方。

延长季节

苗圃 如果生活在寒冷的地区，你或许需要在培植生长期获得一个好的开始。设计防霜冻的苗床护罩、温室、钟形玻璃盖来保护幼小的树苗远离严寒。

防寒护罩

迷你温室 使用防寒苗床护罩以在生长季节前种植幼苗。在寒冷的天气中，有必要用回收的材料制作长期使用的苗床罩子。

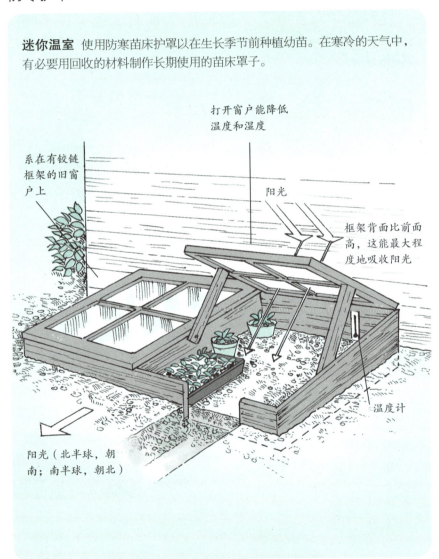

户外

柑橘温室 从17～19世纪,在英国和欧洲拥有大量地产的人们建造起了精致的建筑,用来让柑橘树过冬。那些大型的窗户在能照射进阳光,同时能防御严寒。通常用火炉加热柑橘温室,以帮助柑橘树和其他外来物种度过几个月的寒冬。

钟形玻璃盖

自制 将金属圈系在聚苯乙烯盒上,用塑料膜覆盖。

玻璃钟罩 能保护幼苗免受蜗牛等害虫的侵害。也可以选择使用塑料瓶(见P39)。

维多利亚钟罩 需要时,转动这个特殊的钟形盖来释放热量、降低湿度。

球茎和一年生植物

季节性色彩 如果空间足够,可考虑种植风铃草或是水仙花等大丛开花植物,或者在早春栽种一些风信子球茎以增添室内色彩,用一年生植物的苗圃和花架来提供强调色。

散栽球茎

批量种植的球茎 在你想要种植的少数区域上抛投球茎,并在种植前,从适宜的深度取出填塞土。

培植球茎 在种植时节,用利刀在球茎底部切进基底板,在下一个种植季节种植小鳞茎。

球茎栽种指南

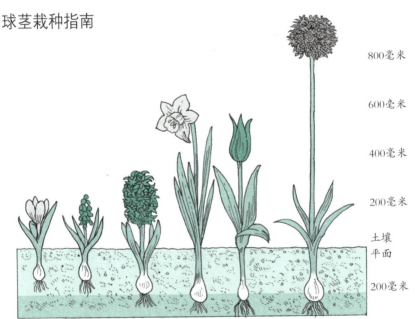

番红花　麝香兰　风信子　水仙花　杂交郁金香　大型装饰性葱属植物

培植幼苗

1.一旦长出真叶（在子叶之后），检查根团。

2.将幼苗放在斑点状的阴影中存放一星期。

3.在第二个星期移动托盘，让幼苗获得更多直射光。

4.在阴天移植植根充分的幼苗。

5.松土，如有必要增加堆肥。

6.为每一株幼苗挖坑。

7.轻轻将每株幼苗移出托盘，以适当的间距种植。

8.用土壤填满洞后增加厚的有机覆盖物层。

9.每天浇水直到幼苗生根。

玫瑰花

花中女皇 几个世纪以来，花园中美丽的玫瑰花都给爱人、诗人和剧作家带去了灵感，而且玫瑰花也很耐寒。可选择灌木玫瑰、攀援蔷薇、梁柱和地幔式等类型的种植。

嫁接法

培植 此技巧最适于大小相同的接穗和根茎。在冬至温室中种植，在春季嫁接半成熟的嫩芽。

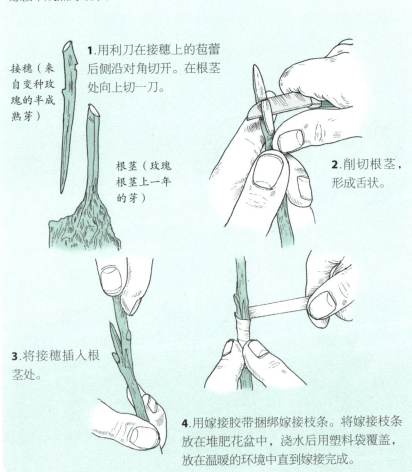

接穗（来自变种玫瑰的半成熟芽）

根茎（玫瑰根茎上一年的芽）

1. 用利刀在接穗上的苞蕾后侧沿对角切开。在根茎处向上切一刀。

2. 削切根茎，形成舌状。

3. 将接穗插入根茎处。

4. 用嫁接胶带捆绑嫁接枝条。将嫁接枝条放在堆肥花盆中，浇水后用塑料袋覆盖，放在温暖的环境中直到嫁接完成。

修剪玫瑰灌木

1. 剪下棕色条纹状的茎。

2. 去除细如笔杆的茎。

3. 取下内部的茎。

4. 水平修剪并除去交叉。

5. 拔出任何多余的旁根。

6. 剪去向外生长的花蕾。

7. 修剪留下健康的组织。

8. 用玫瑰密封剂涂抹修剪后的枝干。

9. 修剪后的灌木呈花瓶状。

草坪

绿色地毯 草坪能保持水土,但同时也需要经常护理,尤其是在夏天,因此很有必要考虑减少草坪的面积。种植那些适合当地气候和土质的草皮。

割草技巧

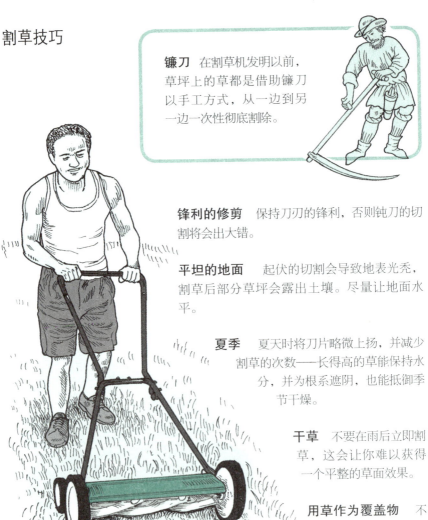

镰刀 在割草机发明以前,草坪上的草都是借助镰刀以手工方式,从一边到另一边一次性彻底割除。

锋利的修剪 保持刀刃的锋利,否则钝刀的切割将会出大错。

平坦的地面 起伏的切割会导致地表光秃,割草后部分草坪会露出土壤。尽量让地面水平。

夏季 夏天时将刀片略微上扬,并减少割草的次数——长得高的草能保持水分,并为根系遮阴,也能抵御季节干燥。

干草 不要在雨后立即割草,这会让你难以获得一个平整的草面效果。

用草作为覆盖物 不要拿走草坪上的剪除物,让它们去滋润土壤,给土壤提供养料。

草坪处理

注意 不要让草坪最终草色泛黄、枯槁凋蔽、土壤结块。

去除杂草 除去扎根较深的杂草,如用利刀或是特殊工具(见P291)处理蒲公英。或者在2升白醋中加入1杯盐,用旧油漆刷浸渍后除草。这些杂草会在一些天后慢慢枯死。

去除枯草层 用耙子去除"茅草"或是枯草凋零物。

透气 用花园叉在土壤中来回拖动,用你的方式处理整片草坪。

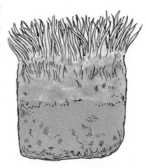

修整光秃的土地

1. 使用花园叉戳扎土壤。 **2.** 将干沙洒在上面,再用耙子平整。 **3.** 浇水。沙子将会增加排水性。

草坪的其他选择

马蹄莲 耐寒、常绿植物,通过长匍茎蔓延。

罗马甘菊 叶片脆弱,有雏菊的特征。

薄荷类 当走在薄荷上时,能闻到薄荷释放的一种香气。

自然灾害

大自然的愤怒 丛林大火、地震、海啸、飓风、洪灾以及暴风雪——如果你所处的地方易受自然灾害的威胁,应注意遵循相关部门的指导意见。

丛林大火

为家做好准备 大自然是无法预知的,如果你居住在丛林地区,应遵循以下原则做好防火准备,这既能救自己也能救别人。

定期清理来自屋顶、排水口、下水道的残留物

在烟囱上方安装细金属网,设置通风口和排水槽

随时备好应急箱(见P305)

户外

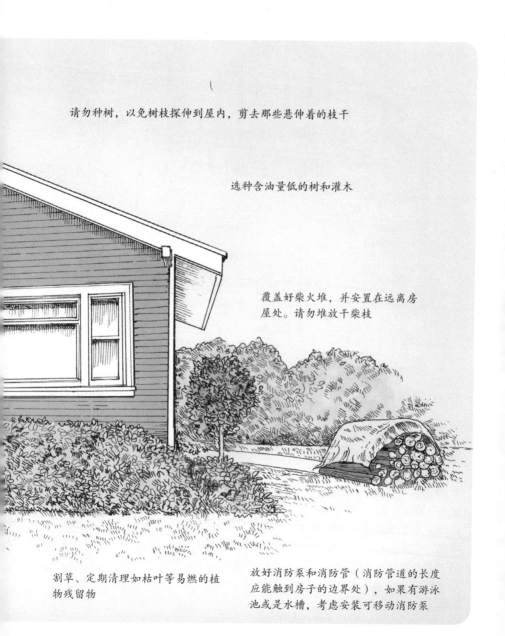

防飓风安全措施

装上板条 如果你生活的区域容易发生飓风、气旋等风暴，应核对当地的建筑条例，并确保房屋符合这些要求。

自来水的主龙头

简单贴士

◎ 安装百叶窗或是用夹板覆盖以抵御风暴。
◎ 远离窗户。
◎ 确定家中最坚固的地点，一旦有危险，家庭成员可以躲到其下面。
◎ 如果有必要的话，学会如何关闭电源、煤气和水源。
◎ 准备应急箱（见P305）。
◎ 确认可能会被抛出的物体，如垃圾桶。

◎ 如果风眼在屋顶上方，不要冒险出门，因为情况会立即变得更加严重。
◎ 打开冰箱和冷柜门，并保持敞开状态。
◎ 电闪雷鸣时不要使用电器，也不要在暴风雨中使用手机。
◎ 备份所有电脑文件。

如遇水灾

撤离计划 锁门后采取推荐的撤离路线,如果你必须进入洪水中,应穿上坚固的靴子,先用木棍探测水深和水流的方向。

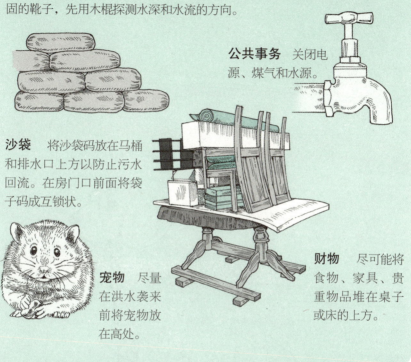

公共事务 关闭电源、煤气和水源。

沙袋 将沙袋码放在马桶和排水口上方以防止污水回流。在房门口前面将袋子码成互锁状。

宠物 尽量在洪水袭来前将宠物放在高处。

财物 尽可能将食物、家具、贵重物品堆在桌子或床的上方。

应急箱

◎ 紧急电话号码名单。
◎ 急救箱(见P344):家庭成员中至少有一人应懂得如何急救。
◎ 可移动收音机(你可以收听天气预报以及紧急通知和警告)、手电筒、蜡烛、火柴和备用电池。
◎ 新鲜饮用水以及不易腐烂的食物,如罐装肉类、水果、蔬菜等。
◎ 结实的手套和靴子。
◎ 温暖的衣物、个人纪念品、贵重物品、移动电话等应放在防水袋里。
◎ 处方药。
◎ 复印重要的文件,如按揭文件、保险单、护照、出生证明等,可放在密封的塑料袋中。
◎ 供紧急修理用的基本工具箱。
◎ 轻型可移动的燃气炉,以防长期没电。

宠物

不管你的宠物是笼子里的金丝雀、水箱中的鱼,还是大型(小型)皮毛动物,都应对它们喂食得当、进行训练、保持关注及奉献爱心,将它们照顾好。

受欢迎的犬种

潜在的家庭成员 在选择宠物狗前,须考虑你的家庭成员和生活方式,以及你能花费在宠物上的时间。例如,在狭小的公寓中不适合养纽芬兰犬。

金毛犬 聪明,容易训练,体型中等,能与孩子友好相处。它性格温顺、迷人,喜欢游泳。

哈巴狗 这种狗很讨小孩子喜欢,但它没有方向感,容易生病。

比格犬 该犬有着敏锐的嗅觉,能与孩子友好相处。它性格温顺,但需要大量运动,不易长胖。

迷你贵妇犬 非常聪明也很容易逗乐,贵妇犬可以通过声音被训练。在有爱的家庭中可以活很长的时间,但需要有专业人士整理其皮毛。

宠物

拉布拉多犬 非常适合家庭饲养。拉布拉多犬爱运动，很可爱，有适宜游泳的蹼足，听力敏锐。

斗牛犬 斗牛犬性格温顺，或多或少地具有天生的攻击性。它不像其他犬种，不需要经常锻炼。

达克斯猎狗 小型犬，性格活泼、纯真，用于猎捕洞穴中的獾。受攻击后会自卫。家里有小孩的话，选择这种犬需慎重考虑。

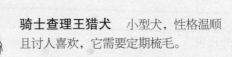

骑士查理王猎犬 小型犬，性格温顺且讨人喜欢，它需要定期梳毛。

309

遛狗

牢牢掌控 每次遛狗时,你都有可能会遇到一些好奇的孩子、其他的狗及它们的主人,所以你需要将狗系在皮带上,并训练它听从你的指令。

给宠物挂上标签

正确的身份卡 很多地区要求养狗养猫的主人注册他们的宠物,并将微型芯片植入宠物的体内。

1. 兽医将会植入微型芯片,如果宠物丢失,兽医能通过扫描找到它的下落。

2. 确保宠物佩戴有项圈,及有它的名字、主人的联系电话的标签。

3. 在钱包中放一张宠物照片,丢失宠物时可派上用场。

做好准备

外出前 为你的狗指定一个抽屉或是有储物空间的坐席(左上图),以便遛狗前可以快速整理投掷玩具和栓带。用橡胶材质的浴室防滑垫来保护它在汽车座椅上不会滑动(右上图)。

与陌生狗狗打招呼

谨慎接近 在观察和征求狗主人的同意之前,请勿走近狗并试图轻拍它。

1. 首先应询问狗主人是否允许,再将手握成拳头状,手掌向下,让狗来嗅。观察它的反应。

2. 如果狗很自在地摇摇尾巴、嗅嗅手,才可以慢慢地轻抚它。

遛狗

顺从 从本性上来说,狗是驮运东西的牲畜。如图演示,一个人,像走在前面的一样,手中牵狗的栓带应稍稍松弛。如果宠物狗在你面前很紧张,那么它是在保护它的领地。

皮带 如果你想让你的狗能及时远离那些无法控制的麻烦,就不要使用可伸缩皮带。

训练狗和猫

新宠物 一旦将狗或是猫带入家里,就要开始训练。如果宠物还小,那么训练任务较为简单;如果是你从收养所领养回的被虐宠物,你可能需要更多的耐心。

屋内的猫

训导 为使你的猫不做出令人不满的行为,拍手或是用语调来表达你的不满。

猫抓板 鼓励猫用猫抓板而不是沙发来磨利它的爪子。

保护野生动物 不要让猫在晚上出去,确保猫脖子上挂有铃铛,以吓跑鸟类。

舒适的床 确保你的小猫睡得温暖、舒适,不要让它和你一起睡,它有可能因跌下床而受伤。

新的幼犬

迁入 幼犬需要大量的关爱，以及严格、持续的训练。

行走 制定时间表，每隔几小时就牵着狗出去遛遛，届时它将学会大便和撒尿。

磨牙 给小狗玩具供它咀嚼，将鞋子放在狗接触不到的地方，或是在鞋上撒上丁香。

睡觉 购买板条箱或是狗屋、睡垫；让狗习惯于睡在里面。你可以使用板条箱将狗带到兽医处，狗也会将板条箱当做庇护所。

小狗检验你的家

除去诱惑物 如果家中有蹒跚学步的宠物，应分析家里的潜在危险物品（见P338）。

简单贴士

◎ 不要让它接触到危险的化学试剂。
◎ 盖好马桶盖，防止宠物狗跌落淹死。
◎ 防止窗帘绳和电线缠绕在一起，因为窗帘绳会勒死宠物，而电线会使宠物触电身亡。
◎ 确保宠物狗不会被挤压在游泳池围栏或是阳台栏杆条中，或是横冲到马路上。

肢体语言

动物行为 学会读懂宠物的肢体语言能帮助你了解它们的情绪。

放松：打瞌睡，挠耳朵

警惕：尾巴竖直，耳朵向前

亲密：相互摩擦，以一种叫做"紧密摩擦"的方式交换气味

惊慌或害怕：露出牙齿、毛竖起

捕猎：快速摆尾，瞳孔缩小，蜷缩状

挑衅：抽动尾巴，颈毛竖起，耳朵放平，露出牙齿

宠物

警惕：静止不动，随时准备行动

挑衅：焦躁、嗥叫，眼睛盯着你看

惊恐和屈服

焦虑及胆怯：尾巴夹在两腿之间

躬身：邀请你和它一起玩

放松：明显的瞌睡，但是耳朵翘起

315

与猫、狗一起生活

厕所规范 猫本性上很挑剔,但你也需避免它们将花园当作厕所来用。以下是在不增加垃圾的前提下处理猫、狗粪便的比较明智、卫生的方法。

让猫远离菜地

威慑 有一些策略能阻止你的猫去弄脏菜地。

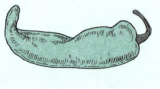

驱猫植物 种植香茶菜作为药草屏障。

辣椒 撒一些红辣椒做成的调味品。

柑橘皮 在菜地周围放上一些桔子、石灰或是柠檬皮。

如厕训练

训练小猫 如果小猫太小不能由母猫训练它不在室内大小便,那么模仿以下技巧:将小猫放在猫砂盆中,让它自己用爪子抓废弃物。

难以捉摸的猫

柴郡猫 路易斯·卡罗尔的《爱丽丝漫游奇境记》中的知名角色,受到英国柴郡普通奶酪模具的启示。

制作堆肥宠物马桶

视线之外 你所需要的是一个能关闭的、有盖的旧塑料垃圾箱,将其放在花园中不挡道的地方,远离树根和蔬菜园。首先挖一个足够能放下整个垃圾箱的坑,可以的话尽量将坑挖得深些。每次可往里面放入宠物排泄物、水和一些腐烂物。

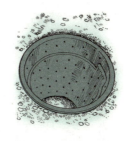

1.在侧面上方挖洞,用钢丝锯锯掉底部。洞口用于释放气体。

2.将垃圾桶放在坑里,垃圾桶口置于土壤中;增加一些砂砾和石块以供排水。

3.将盖子放回原位。用重石块或是几块砖压住,以防盖子脱落后带来危险。

犬类卫生

排便卫生 定期在户外遛狗,否则狗会在室内的同一个地点撒尿。如遇狗突然随地大小便,应立即清理、消毒。当在公园里遛狗时,应寻找狗袋垃圾桶(左上图)。

运动和娱乐

群居生活 宠物和人一样需要运动、娱乐，同时也需要关注宠物的健康。宠物，尤其是宠物狗，在没人照料或是精力未发泄完时，总会出现挖掘、吼叫等问题行为。

啮齿动物

老鼠 它们需要大运动量，如提供一个滚动轮；它们也喜欢爬绳、藏在管道中。

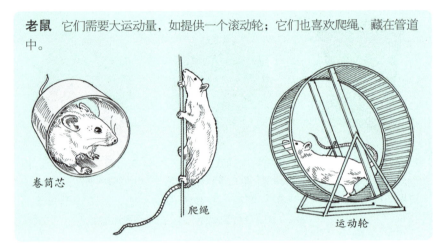

卷筒芯　　爬绳　　运动轮

宠物鸟

摇摆的玩具 鸟类喜欢镜子、铃铛和攀爬用的玩具。

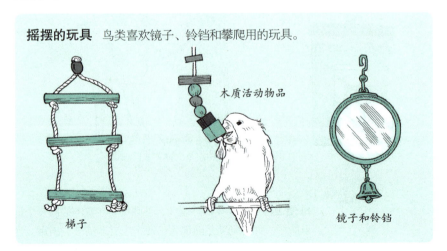

梯子　　木质活动物品　　镜子和铃铛

猫

普通的家用物品　和猫玩耍时，须注意请勿让猫接触到以下小型物品，以避免猫吞下物品后引起窒息。

纸袋或硬板纸箱

纸团

球或是乒乓球

狗

简单的娱乐　这取决于狗的种类，大部分狗需要大量的运动，而且每天需遛狗2次。

供狗咀嚼的旧足球

狗球发射器能使你的手不沾到狗的口水，而狗也不需要依赖你扔球的技巧就能接到球

游泳对狗来说是很好的运动，而你也会爱上让狗捡回木棍的游戏

生活整理图鉴

照料猫狗

最佳健康状态　咨询兽医需要如何定期照料你的宠物。单靠喂宠物粮是无法让你的宠物长得强壮的,喂它们新鲜食物也能减少宠物身上的臭味。

给猫喂药

1. 将猫包裹在毛巾中,保护自己不会被抓伤。
2. 用手扶住猫的头顶,打开猫的下巴。
3. 合上猫的嘴巴后,摩擦它的下巴直到它吞咽。用礼物鼓励它。

给猫修指甲

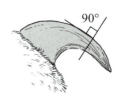

1. 在猫放松时握住猫爪,轻轻按压后展开猫爪。
2. 修剪时垂直握剪刀。
3. 以90°角修剪猫指甲,并用礼物鼓励它。

饮食诀窍

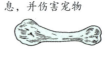

巧克力对猫和狗都有害

磨碎少量苹果、蔬菜,加入宠物粮中

煮过的骨头会让宠物窒息,并伤害宠物

小麦草能帮猫反刍

给宠物狗刷牙

1.在宠物狗放松的状态下,让它嗅特殊的狗用牙膏。

2.将手放在狗的额头上,将它的嘴巴抬起后打开。

3.轻轻握住狗的下颚,刷洗它的上臼齿。

4.刷洗它的下臼齿。

5.检查有无噬菌斑等问题。

6.用鼓励和礼物作为嘉奖。

啮齿动物和兔子

迷人的哺乳动物 老鼠、仓鼠或者兔子会是最佳的"折中"宠物——小孩子较喜欢小型的、有毛皮覆盖的动物,而相比狗或猫,它们给家庭带来的影响要小得多。

宠物鼠

小老鼠 这种好奇的生物通过训练后可以完成简单的任务。可养2只雌鼠做伴(2只雄鼠会具有攻击性)。

大老鼠 你可以训练这种聪明、忠诚的宠物去完成恶作剧。但在你购买之前,它需要很好地熟悉人类,它每天需要活动1个小时以上。

仓鼠 尽管仓鼠色盲、近视,但这种夜间行动的哺乳动物有着高度发达的嗅觉和听觉系统。它将食物储存在脸颊上的颊袋中,吃自己的粪便来二次消化食物。

天竺鼠 一种乖巧、适合把玩的宠物,它一天到晚都非常活跃。野生天竺鼠常结成小团体,聚集在草地上吃草。可养2只或2只以上做伴。它们通过发声相互交流。

抓起兔子

不情愿的拥抱 兔子不喜欢被抱着,它们更喜欢待在地面上,以便于更容易地察觉捕猎者,并在危险时及时逃脱。

1.一只手托在兔子身体的下方,另一只手放在前腿下。

2.紧紧握住兔子后将其抱在胸前。

兔笼

移动的空间 兔子是一种很难伺候的宠物,需要大量在笼外活动的时间,所需笼子必须要有兔子的4倍大。

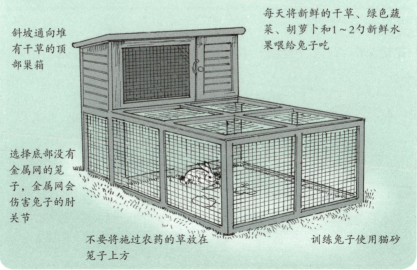

斜坡通向堆有干草的顶部巢箱

每天将新鲜的干草、绿色蔬菜、胡萝卜和1~2勺新鲜水果喂给兔子吃

选择底部没有金属网的笼子,金属网会伤害兔子的肘关节

不要将施过农药的草放在笼子上方

训练兔子使用猫砂

水生宠物

仅供观赏 不论你是喜欢观赏鱼缸中游来游去的热带鱼,还是喜欢照料那些两栖动物,水生动物都是很有趣的宠物。

水族箱

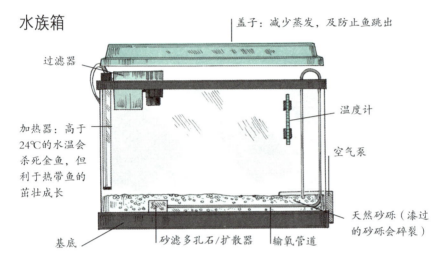

基础知识 你还需要一个网兜用来取出病鱼或死鱼,一个用来隔离病鱼的额外水箱或水碗,一些诸如塑料植物(金鱼会吃真的水草,你需要进行替换)、小石子以及供鱼游来游去的洞口等的装饰物。

换水

定期保养 每周至少更换鱼池中20%的水,更换玻璃鱼缸中50%的水。

1.干净水桶中的自来水需放置24小时,直到氯蒸发。

2.使用一段管子或是鱼箱泵排出之前的水及残留物。

3.用手弯曲管道以防止沙砾堵塞。当新换水的水温和以前的水温相同时,再小心注水。

热门的水生宠物

转移爱好 孩子们喜欢不一样的宠物，如蝾螈和乌龟，而你也许会更喜欢在家里放置一个恒温鱼缸。

蝾螈 火蝾螈的幼年阶段，即在没有发育到成年之前，可以存活近15年。蝾螈对光源很敏感，所以要将它的水箱放置在远离阳光直射的地方。它可长到35厘米的长度，成年蝾螈需要购置至少45厘米长的水箱。

鱼类 金鱼（左上图），冷水物种，易于照料，能认人且通过训练后能表演戏法。热带淡水鱼，如帝王神仙鱼（右上图）的养殖要求更高。一些热带鱼喜欢群居，而其他热带鱼则喜欢单独行动，你应自己查找资料并询问供货商的建议。

乌龟 小乌龟需要一个1米长的控温水箱，有供它离开水时休息的一片浮木或沙砾滩。乌龟是肉食动物，它吃肉、虫以及蚊子幼虫。它需要每周晒2~3小时的阳光以保持健康。

宠物鸟

谁是漂亮的波利 你是想要与你的鸟互动,还是仅仅想观赏它们?通常,鸟的体型越大,其饲养要求也就越高,因此在你购买它前,很有必要仔细研究一下鸟的品种。

入门鸟类

麻雀 这种小型鸟爱唱歌,结成小群在笼中飞行时表现最佳。它不喜欢被带出去或是被把玩,所以不适合儿童。

虎皮鹦鹉 长尾小鹦鹉中的一种。虎皮鹦鹉很有趣,也易于通过训练表演一些节目和发声。在安全的环境下,可以放它出笼。

多情鹦鹉 如果你整天工作,可以养2只多情鹦鹉以免它们孤单。它们喜欢在镜子前来回飞。它们很聪明,能表演脱身术,同时也很擅于模仿。

金丝雀 在1987年以前,金丝雀常被用来在英国的矿山中检测有毒气体——它们会在死亡前停止啼叫。可在不同的高度安放几根栖木供金丝雀四处移动。这种鸟喜爱水,可在笼子里放置一个大水碗。

鸟笼

合适的大小 选择一个大小尺寸足够你的鸟能展开翅膀、振翅而飞的鸟笼,并将其放在远离通风口和阳光直射的地方。

选择容易清洗、无毒、不会碎裂的不锈钢材质

每根杆子的间距要大于1厘米

放入玩具,如镜子、鸟食罐和饮水器等

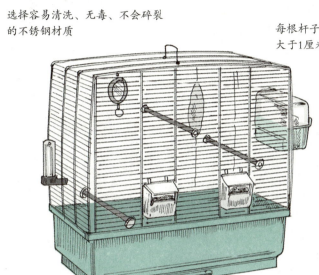

供攀爬的水平杆

便于清洗的可移动托盘

附加遮盖物:鸟类每晚需要将近10个小时的睡眠

简单贴士

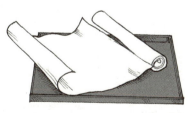

松果 鹦鹉能啄出松果果实。同时这一动作也有利于保持喙的整洁美观。

日常清洁程序 更换鸟笼的衬垫(请勿使用报纸),每天清理鸟食罐和盛水的容器,每周清洗整个鸟笼。

墨鱼骨 含有丰富的钙质,能帮助鸟保持喙的整洁美观。

居家安全

应采取一些适当的预防手段以避免家中发生意外，尤其是在那些家中有手工爱好者和有小孩的家庭。为自己配备好一个急救箱，以便发生意外后进行第一时间的正确救治。

电器安全

不可触摸 如果电动工具或电器发出响声或是无法正常运作，应立即关闭，拔去插座后，请专业人员检修。请勿自行处理电线，应由专业人员处理。

一些准则

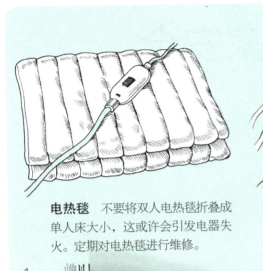

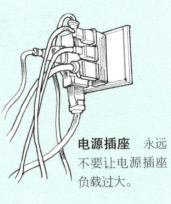

电源插座 永远不要让电源插座负载过大。

电热毯 不要将双人电热毯折叠成单人床大小，这或许会引发电器失火。定期对电热毯进行维修。

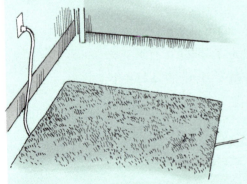

白炽灯 更换灯泡前，确保关闭主电源板上的相关电路。

小地毯 不要在地毯下放置电线，以免电线过热引发火灾。

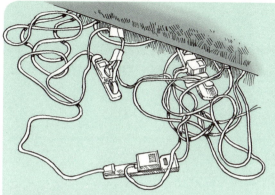

电路接线 请勿将电路接线硬塞入家具下面的狭窄空间，以避免其出现过热状况。检查每根线的电容，不要将接线盒连接到过多的电器上。请勿使用发烫的连接线。

室外工作 确保电动工具和拖车插入接地的安全保护插座。

磨损的电线 定期检查电线，如有破损，应立即进行维修。

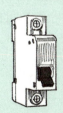

断路器 将断路器安装在电源箱上，当它检测到问题时，电路会立即关闭。

工作间 将插座放置在工作区域的上方，电线放在不妨碍切割工具的地方。

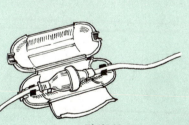

防潮处理 请勿在下雨天使用电动工具，使用防水的配件作为应对潮湿草地的附加安全措施。

防火

救命装置 烟雾报警装置能够给你留下充足的时间远离火场、安全逃生。如果没有该装置，烟雾会让你在很短的时间内昏迷不醒（见P302"丛林大火"）。

安全逃离火场

消防演习 确保每个家庭成员都知道在紧急情况下该怎么做。商定一个屋外聚合地，确保孩子熟记当地的应急电话号码，定期进行消防演习。

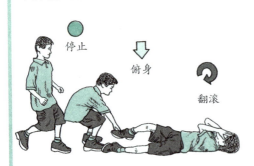

停止，俯身和翻滚 教会孩子如何通过隔绝氧气来熄灭衣服上的火苗。逃离房屋时降低身体重心。

逃离路线 从窗户逃脱并不安全，轻触你所在房间的门，如果门很烫请勿打开。为防止烟雾进入，在门的底部塞入毛巾。

保养烟雾报警器

必要的预防措施 消防部门建议安装那些使用期长的光电烟雾报警器，它需要每10年更换一次。当每年烟雾报警器发出电量不足的信号时，应更换电池。

1.每个月检查烟雾报警器，确保其正常运行。

2.每两年用固定在真空吸尘器上的座椅刷对烟雾报警器进行除尘。

3.每年更换可拆卸的电池。

安装烟雾报警器的位置

安全范围 在房屋的生活区安装一个烟雾报警器——事实上不必在厨房安装,因为每次烹饪时都会触发它。然后再在靠近卧室的走廊里安装一个,理想的情况是在每个卧室都安装一个烟雾报警器。

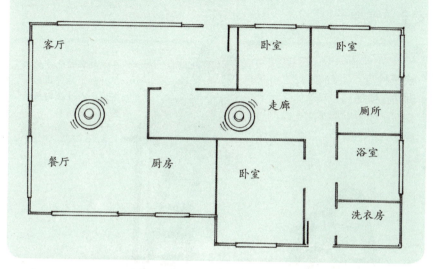

不宜安装烟雾报警器的区域

死角 请勿在厨房、浴室或是车库内安装非此类区域专用的烟雾报警器,请勿在"死角"以及通风处安装烟雾报警器——烟雾很难到达这些区域。

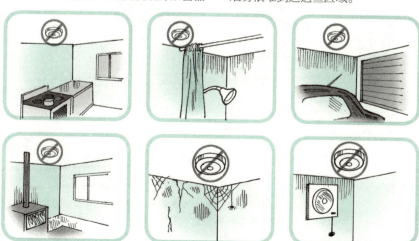

避免自己埋下事故隐患

安全使用 在使用梯子前应检查额定载荷,并确保安装正确。不要动作幅度过大——双脚要始终保持站在同一个横档上,如有需要可移动梯子。

安全放置梯子

快速检查 面朝梯子站立,双脚站在横档上,双手伸开置于身前。如果手掌无法支撑在与肩膀齐平的横档上,须调整梯子的角度。

折梯 确保折梯放置在水平面上,托架放置妥当,横档干净——脏的横档有可能会使你的脚滑脱。

在你要爬的地方的上部将梯子延伸出1米左右,通过在内侧放置木头来隔垫

将梯子的底部放在远离墙面1/4高度的静止点处,产生一个大于5°的角度

如果地面不平整,可在每一个梯脚处揭起一块草皮

实用的附加物

梯子附件 这些附加装置不仅会让你在实际动手操作中更加轻松,也能降低意外事故发生的几率。

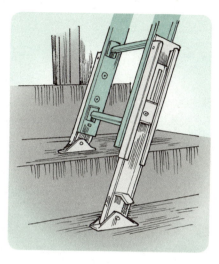

梯子水平校正器 安装在踏板上。

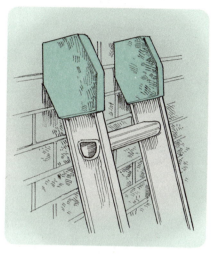

垫木 购买或是自己动手制作。

稳定器 这个附件能让你在远离墙面的有效距离内工作。

工作平台 用于长时间站立在梯子上,很适合在漆墙面时使用。

避免家庭意外

良好的意识 每个家庭或多或少会发生一些意外，使家人受伤，如做饭时的割伤、擦伤或是腰酸背痛等。使用以下方法来避免家庭意外的发生。

避免策略

防患于未然 在孩子们年龄尚小时，就训练他们掌握一些基本的家庭安全知识。随手将睡衣裤放在加热器上，或是忘记正在熨烫中的熨斗都有可能引发悲剧。

切割工具 保持切割工具的锋利，以免它们在物体上滑脱后割伤你。

烤面包机 如果面包夹在面包机中，应在关闭面包机、拔下电源后再取出面包。

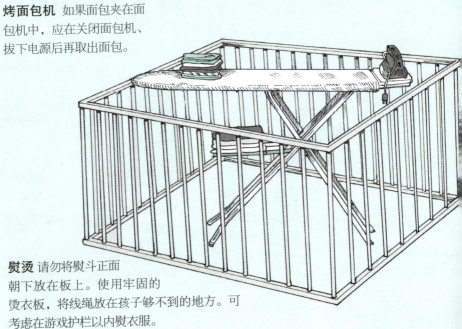

熨烫 请勿将熨斗正面朝下放在板上。使用牢固的烫衣板，将线绳放在孩子够不到的地方。可考虑在游戏护栏以内熨衣服。

居家安全

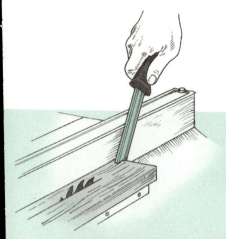

台锯 使用推杆或是类似的工具将木板推入台锯中。

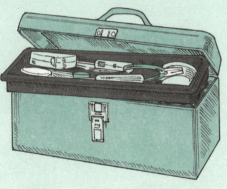

加热器 永远不要将衣物放在加热器上,让衣架远离加热器,并保持安全距离。

举起 将工具箱等沉重的物品放在手可以拿到的低架上。

溢出物 液体泄漏后,应立即用拖布带走溢出物,以防止打滑。

安全玻璃 用夹层玻璃或是钢化玻璃替换掉窗户及门上的普通玻璃。

对儿童安全的家

孩子的视野 察觉家中潜在危险的最好方法是蹲下身,手脚放在地上,以孩子的视角做出分析判断。移除潜在的危险,并采取一些简单的预防措施。

安全小配件

预防措施 有很多类型的安全锁、盖子以及门闩可用于保护孩子的安全。

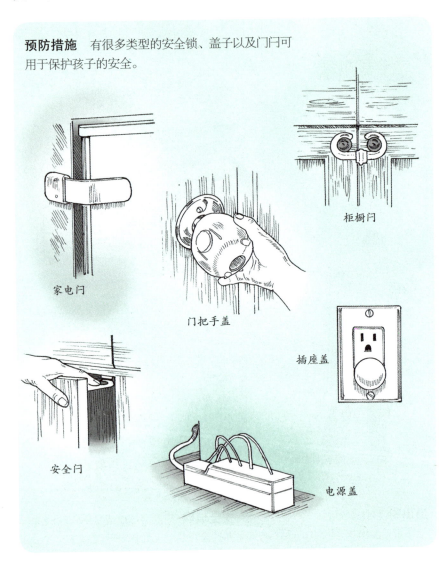

居家安全

移动限制

控制 一旦孩子能够移动，他就会想要到处探索，而你则要保护好他的安全。

可调节的门 在台阶顶部和底部或厨房安装可调节的门以防止孩子进入厨房。

儿童助跑器 在17世纪或者更早以前，这种孩童助跑器即已被系在杆子上，一端固定在地板上，另一端固定在天花板横梁上。它的高度可以调节，初学步的孩子站在圆圈中。

防止烧伤或烫伤

常识性措施 请勿将热饮放在小孩可以够到的地方，避免其在无人监管的浴室、厨房自由活动。

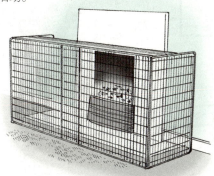

火炉栏 适用于保护孩子远离各种热源。

炉灶护栏 安装炉灶防护栏，并始终保持锅和盆的把手朝内侧放置。

339

攀爬者

勇敢的探险家 大部分年幼的孩子有着探险的冲动,而其中某些孩子会忍不住攀爬家具。

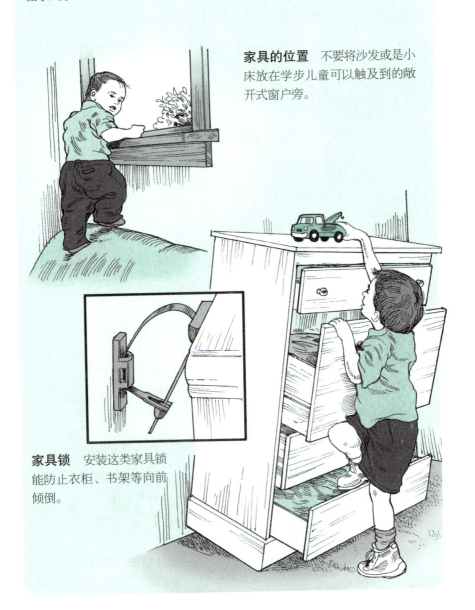

家具的位置 不要将沙发或是小床放在学步儿童可以触及到的敞开式窗户旁。

家具锁 安装这类家具锁能防止衣柜、书架等向前倾倒。

防止意外事故

预先考虑周全 这些基本的预防措施能避免一般意外事故的发生。

药品 将药品锁在孩子接触不到的地方，不使用的药品归还药剂师。

花园小屋 确保将清洁用品、油漆、杀虫剂以及其他有毒化学试剂锁在小屋或是安全衣柜中。

迷你浴垫 将其放置在浴缸或淋浴的底部，以免发生让人讨厌的侧滑。

百叶窗 这种能摇上摇下的百叶窗绳能防止孩子触摸悬挂物。

玩具箱 像这样的木质储存箱看起来很漂亮，但盖子掉落时可能会砸伤手指，考虑使用无盖的篮子。

出远门之前

准备出门 出门之前要做好准备，取消信及报纸的寄送业务，以避免其在门廊上堆积，让小偷一眼就看出你不在家。

家庭安全备忘录

1.将信寄存在邮局或是将信寄到另一个地址。

2.取消送报业务，让邻居帮忙拿走垃圾信件。

3.让邻居帮忙留意你家，将联系方式留给邻居。

4.设置灯的定时照明，确保每次灯在不同的房间亮起，亮起的次数也不同。

居家安全

5.确保所有水龙头都已关闭，修理漏水处。

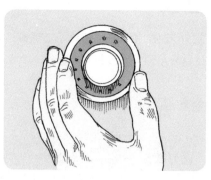

6.降低热水器中的温度，或是关闭加热器。

7.清空冰箱里的易腐烂物品，将其送给他人而不是直接丢掉。

8.确保所有的窗户和外门都锁好、牢固。

9.关闭所有家电的插座，否则它们仍会耗电，并增加你的开销。

10.检查房子、房间内物品和汽车的保险单是否已更新。

急救

意外发生 不管你多么地小心谨慎，事情总会有出错的时候。如果你预先有过急救培训，或许你可以拯救一个生命。

急救箱

做好准备 你可以从药剂师那购买现成的急救箱，也可以自己动手做。将急救箱放置在防水的容器中，在车里也可以考虑放一个急救箱。

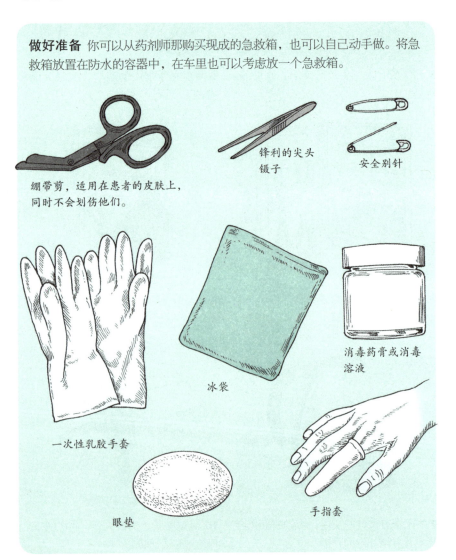

绷带剪，适用在患者的皮肤上，同时不会划伤他们。

锋利的尖头镊子

安全别针

冰袋

消毒药膏或消毒溶液

一次性乳胶手套

眼垫

手指套

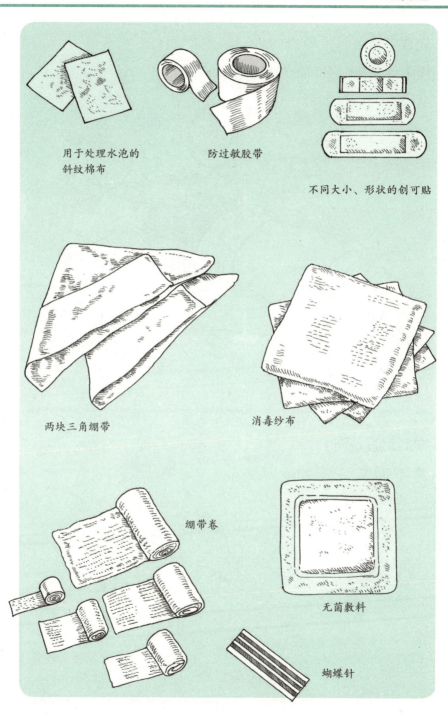

处理中暑

降温 将中暑者带到阴凉处后躺平,脱去中暑者外面的衣服。

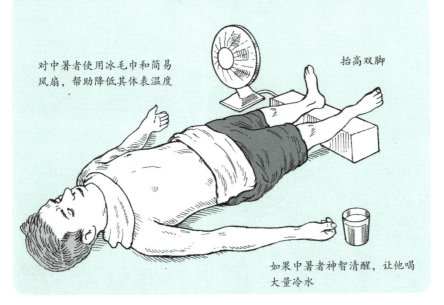

对中暑者使用冰毛巾和简易风扇,帮助降低其体表温度

抬高双脚

如果中暑者神智清醒,让他喝大量冷水

处理轻度烧伤

烧伤和烫伤 这些疼痛的损伤很常见,尤其是在厨房中。

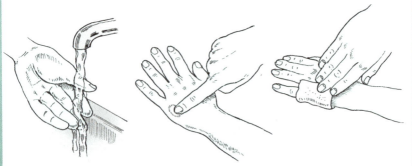

1. 用冷水冲洗伤处20分钟。 **2.** 如果伤处转为白色,即为轻度烧伤。 **3.** 涂上抗生素软膏后,包上绷带。

处理烫伤和严重烧伤

1. 脱去衣服，摘下饰物，但请勿移除黏在烧伤处的衣服或饰物。

烧伤处理 用与处理轻度烧伤时一样的技巧处理化学灼伤，并叫救护车或是将患者送到医院。

注意事项

- 不要在烧伤处涂抹黄油、药膏或是溶液，这些药剂不利于散热。
- 不要触摸伤口周围。
- 不要挑破水泡。
- 不要试图除去黏在烧伤处的物品，留给医护人员处理。

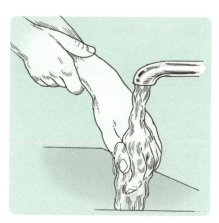

2. 用冷水冲洗烧伤处至少20分钟。

3. 用消毒绷带保护烧伤区域，但不要包扎得过紧。

降低温度

- 60℃的水浸泡1秒钟会引起3度烧伤。
- 55℃的水浸泡10秒钟会引起3度烧伤。
- 50℃的水浸泡5分钟会引起3度烧伤。
- 孩童和婴幼儿最适宜的水温为37℃～38℃。

处理蜜蜂叮咬

蜜蜂过敏 对蜜蜂过敏的人一旦被其叮咬，会产生过敏性休克，需要紧急采取药物处理（见P351"压力固定法"）。

1. 用信用卡或是镊子取刺。
2. 用一些消毒剂消毒伤处。
3. 涂上1:1的小苏打兑水溶液后敷上冰袋。

取出蜱虫

严重的后果 如果无法自己取出蜱虫，或是你所处的地区流行森林脑炎，请立即找医生帮忙。

简单贴士

◎ 使用镊子尖取出蜱虫，将镊子尽量放在蜱虫口附近。请勿挤压蜱虫腹部，挤压后蜱虫会释放出更多毒素。

◎ 请勿涂抹变性酒精或凡士林，因为蜱虫有可能会释放更多毒素。

◎ 请勿扭动蜱虫，蜱虫的身体和头部会因扭动而分离。请勿以手接触的方式处理蜱虫。

◎ 用肥皂和水清理伤处后，涂上抗组胺剂。

取出碎片

1.冲洗患处后在碎片周围挤压。

2.对针和镊子进行消毒处理。

3.用针扩大创口。

4.取出碎片。

取出眼中的异物

外来物　不要试图自己去取出眼中的大型异物,应寻求医生的帮助。将干净的药棉放在受伤的眼睛上,闭上双眼,并让受伤的眼睛转动。在洗净双手后,按照以下顺序取出小型异物。

1.用干净的棉签取出异物。或者向下看,同时将上眼睑的睫毛翻至近根部。

2.如果失败,躺平后用无菌盐水或温水冲洗眼睛。

3.将头倒向一边后,排出多余水分。如果仍无效,寻求医生的帮助。

处理毒蛇咬伤

当危险来袭 即使你幸运地生活在没有本地毒蛇或是毒蜘蛛的地方,旅行时你也难免会遇到这类紧急情况。首先呼叫救护车,然后按照以下说明采取急救。在某些情况下,你可能必须实施心脏复苏术(见P355)。

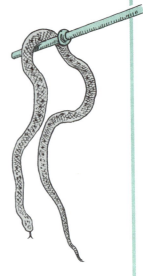

1. 在安抚伤者后,让伤者平躺以避免毒液蔓延。
2. 使用压力固定绷带(见P351),它会将压力同时施加在被咬的部位以及四肢上。
3. 在安全的前提下,辨认咬伤人的毒蛇是什么种类。

蝎子和蜘蛛同属蛛形纲

缠绕压力固定绷带

保持平躺姿势 如果患者被毒蜘蛛或是毒蛇咬伤,在呼叫救护车后,平放咬伤的四肢以免毒素循环进入心脏。

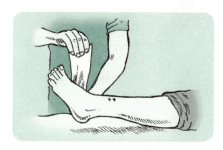

1. 用宽压力固定绷带,尽可能包扎伤口上、下方。

2. 请勿包扎脚趾,通过脚趾可以检查血液循环,继续从伤口上方起开始包扎。

3. 将绷带绑在衣物外,越长越好。

4. 夹上木条,如果没有足够的绷带,将衣服撕成条来固定受伤肢体。

5. 继续绑紧木条。

6. 可用同样的方式包扎咬伤的手掌或手臂,在包扎肘部以下手臂后,挂起会更为舒适。

流鼻血

1. 每隔一段时间按压你的鼻子，身体向前倾。
2. 用手帕或是纸巾擦鼻血。
3. 沾湿鼻子轮廓周围。如果鼻血仍止不住，请寻求帮助。

阻止伤口流血

何时叫医生 如果伤口血流不止或患者处于昏迷状态，应立即寻求医护帮助。

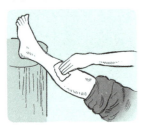  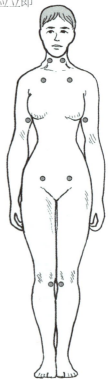

1. 在将受伤的肢体抬高至心脏以上的位置后，压紧。
2. 如果有的话，使用创伤剪刀，将所有束紧的衣物剪开。

 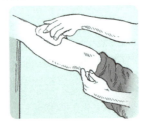

3. 用无菌布覆盖伤口后包扎。
4. 找到最近的压力点（见右图），利用它来减少血流量。

包扎伤口

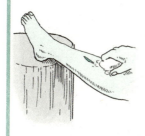
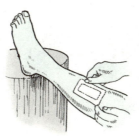
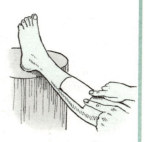

1. 抬高受伤的肢体并清洗伤口。检查是否需要缝针。

2. 涂上抗生素软膏，用绷带绑好。

3. 盖上防水覆盖物，如有必要寻求医护帮助。

系止血带

注意 仅在出血状况严重时使用止血带。如果伤口正好处于关节的下方，在关节上方或是附近打结。

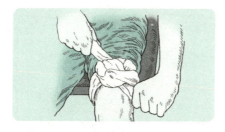

1. 使用没有弹性、牢固的布在伤口上方打结。

2. 在打结处插入一根棍子。

3. 转动棍子将结打紧，直到不出血。

4. 拨打急救电话。

救助窒息的患者

1. 如果患者确认窒息且无法说话，请呼叫救护车。

2. 敲打患者后背5次。

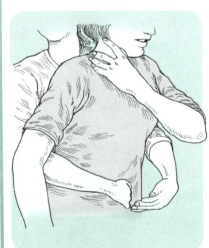

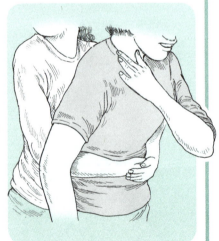

3. 将拳头放在患者的肋骨下方。

4. 将一只手压在另一只手的拳头上方，挤压患者腹部5次。

居家安全

为成年人实施心脏复苏术

训练 急救机构建议,在你实施以前要接受技术培训,它仅适用于成人,而非儿童。

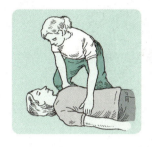

1. 询问患者是否感觉良好,如果没有回应,且你又接受过实施心脏复苏术的训练,可按照以下说明操作。

2. 倾听有无呼吸。

3. 查看有无脉象。如果患者停止呼吸,也没有脉象,立即叫救护车,并实施心脏复苏术。

4. 抬起下巴。

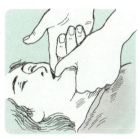

5. 清理气管。

6. 捏住鼻子。

7. 实施2次1秒钟的人工呼吸。

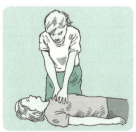

8. 按压胸骨30次。

9. 重复步骤6~8,直到医护人员抵达。

包扎悬带

1.将布折叠成三角形后放在肩膀上方及手臂下。

2.将三角形底部的端点放在另一肩膀的上方。

3.请其他人帮你将绷带在脖子后方打结。你也可以自己打结后将绷带套在肩膀上方。

4.使用皮带或是绳子固定手臂,防止其进一步移动,直至接受医护治疗。

固定受伤的小腿

1.脱去鞋子、袜子后,呼叫救护车。

2.折叠毯子,放在受伤的腿下。

3.为肢体提供额外的支撑,在膝盖后面放置一些衬垫物。

4.将衬垫放在腿的两侧。

5.卷起腿周围的衬垫。

6.用细绳每隔一定距离将衬垫绑在腿周围。

7.折叠毯子底部,由折叠处穿出一条细绳。

8.卷起多余的衬垫。

9.十字交叉细绳后打结。

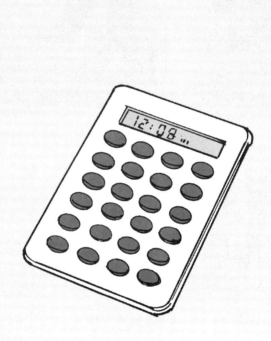

换算表

如果你使用的食谱不含有公制或是英制度量衡，可使用以下手工换算表换算勺子、杯子的温度、重量和体积。

换算表

杯子换算

成分	杯	公制	英制
杏仁粉	1	110克	4盎司
整个杏仁	1	160克	5.5盎司
干扁豆	1	200克	7盎司
市售面包屑	1	110克	4盎司
人造黄油	1	250克	9盎司
帕尔马干酪（磨碎）	1	100克	3.5盎司
巧克力（磨碎）	1	100克	3.5盎司
可可粉	1	110克	4盎司
椰子粉	1	75克	2.5盎司
新鲜的香菜	1	40克	1.5盎司
白面粉	1	125克	4.5盎司
切碎的姜	1	100克	3.5盎司
蜂蜜	1	340克	12盎司
果酱、果冻	1	320克	11盎司
扁豆	1	200克	7盎司
马斯卡泊尼奶酪	1	250克	9盎司
新鲜的薄荷	1	35克	1.25盎司
新鲜的西芹	1	40克	1.25盎司
带皮花生	1	150克	5.25盎司
玉米糊	1	170克	6盎司

成分	杯	公制	英制
捣碎的土豆	1	225克	8盎司
阿尔博里奥米	1	220克	7.5盎司
糙米	1	200克	7盎司
煮过的长粒粳米	1	185克	6.5盎司
未煮过的长粒粳米	1	200克	7盎司
燕麦片	1	100克	3.5盎司
粗面粉	1	160克	5.5盎司
酸酪	1	250克	9盎司
红糖	1	200克	7盎司
细白砂糖	1	225克	8盎司
德麦拉拉蔗糖	1	250克	9盎司
白糖	1	220克	7.5盎司
原糖	1	250克	9盎司
葡萄干	1	225克	8盎司
番茄酱	1	250克	9盎司
捣碎的番茄	1	200克	7盎司
植物油	1	220毫克	7.5液量盎司
切碎的核桃	1	120克	4.25盎司
天然酸奶	1	250毫克	9液量盎司

换算表

烤箱温度换算

华氏度	摄氏度	焦痕	描述
225华氏度	105摄氏度	1/4	很冷/慢
250华氏度	120摄氏度	1/2	很冷/慢
275华氏度	135摄氏度	1	冷
300华氏度	150摄氏度	2	冷
325华氏度	165摄氏度	3	很温和
350华氏度	180摄氏度	4	温和
375华氏度	190摄氏度	5	温和
400华氏度	200摄氏度	6	温热
425华氏度	220摄氏度	7	热
450华氏度	230摄氏度	8	很热
475华氏度	245摄氏度	9	很热

勺子和杯子换算表

数量	澳大利亚	英国	美国
1杯	250毫升	284毫升	237毫升
3/4杯	180毫升	213毫升	178毫升
2/3杯	160毫升	190毫升	158毫升
1/2杯	125毫升	142毫升	119毫升
1/3杯	80毫升	95毫升	79毫升
1/4杯	60毫升	71毫升	59毫升
1汤勺	20毫升	15毫升	15毫升
1茶勺	5毫升	5毫升	5毫升

重量换算表

公制	英制	公制	英制
10克	1/3盎司	250克	9盎司
50克	2盎司	375克	13盎司
80克	3盎司	500克	1磅
100克	3.5盎司	750克	1磅9盎司
150克	5盎司	1千克	2磅2盎司
175克	6盎司	1.5千克	3磅5盎司

体积换算表

公制	英制（英国）	英制（美国）
20毫升	0.5液量盎司	0.5液量盎司
60毫升	2液量盎司	2液量盎司
80毫升	3液量盎司	3液量盎司
125毫升	4.5液量盎司	4液量盎司
160毫升	5.5液量盎司	5.5液量盎司
180毫升	6液量盎司	6液量盎司
250毫升	9液量盎司	8.5液量盎司
375毫升	13液量盎司	13液量盎司
500毫升	18液量盎司	17液量盎司
750毫升	26液量盎司	25液量盎司
1升	35液量盎司	34液量盎司

致谢

向以下人员致谢,莎拉·贝克,创意变形金刚(装帧设计),瞿斯·亨德森,珊·乌娄迪,托德·雷纳,以及彼得牛美术工作室,感谢他们为本书的出版所付出的辛勤劳动。